OSKAR LANGE

Ganzheit und Entwicklung in kybernetischer Sicht

OSKAR LANGE

Ganzheit und Entwicklung in kybernetischer Sicht

mit einem Vorwort

von

GEORG KLAUS

Dritte, unveränderte Auflage

AKADEMIE-VERLAG · BERLIN

1969

Polnischer Originaltitel:

CAŁOĆŚ I ROZWÓJ W ŚWIETLE CYBERNETYKI

Ins Deutsche übersetzt von Karl König
und wissenschaftlich bearbeitet von Georg Wintgen

Erschienen im Akademie-Verlag GmbH, 108 Berlin, Leipziger Straße 3—4

Lizenznummer: 202 · 100/222/69
Offsetdruck und buchbinderische Verarbeitung:
VEB Druckerei „Thomas Müntzer", 582 Bad Langensalza
Bestellnummer: 5595 · ES 20 K 2 · 19 B 1 · 3 B 2 · 5 B 2
6,—

Inhalt

Vorwort

Das vorliegende Werk des leider all zu früh verstorbenen polnischen Wirtschaftswissenschaftlers Oskar Lange, das erstmalig im Jahre 1962 in polnischer und im Jahre 1965 in englischer Sprache erschien, ist wesentlich mehr als etwa nur der Versuch, allgemeine mathematische Begriffsbildungen und Methoden, die sich in der politischen Ökonomie bewährt haben, auf ein philosophisches Thema zu übertragen. Gewiß, die hier praktizierte Denkweise ist typisch für die jetzige moderne Stufe der Entwicklung der politischen Ökonomie. Solche Begriffe wie die der Verflechtungsbilanz oder der linearen Optimierung ökonomischer Vorgänge und der zu ihrer Beherrschung erforderliche mathematische Apparat (Matrizenrechnung, Vektorenrechnung etc.) lassen sich ohne weiteres in Zusammenhang mit dem bringen, was Lange hier im einzelnen darstellt. Wesentlich ist aber etwas ganz anderes. Hier wird — und unseres Wissens erstmalig — ein Stück allgemeiner marxistischer Systemtheorie gegeben, wobei alle Begriffe so expliziert werden, daß eine mathematische Darstellung möglich wird. Es soll hier nicht im einzelnen aufgezeigt werden, was Lange mit dieser seiner Methode tatsächlich leistet. Das geht aus dem Buch selbst hervor und ist explizit in der Einleitung und in den Schlußbemerkungen des Verfassers enthalten. Lange macht es sich nicht zur Aufgabe, die Gesamtheit der materialistischen Dialektik mathematisch darzustellen. Er will nur einen bestimmten Sektor erfassen, und zwar die Dialektik von Ganzem und Teil. Das Gelingen dieses Unternehmens, das man dem Verfasser unbedingt bescheinigen muß, gibt neue entscheidende Argumente gegen idealistische Theorien von irgendwelchen übernatürlichen „Ganzheiten“, von Finalität und Teleologie usw.

Aber aus dem vorliegenden Unternehmen ist noch wesentlich mehr zu schöpfen. Es gibt eine allgemeine Anleitung zur präzisen begrifflichen Fassung philosophischer Kategorien. Wir haben früher an anderen Stellen immer wieder darauf hingewiesen, daß wir den Systemaspekt der Kybernetik für den entscheidenden halten (also nicht den Informationsaspekt, den Regel- und Steueraspekt, den spieltheoretischen Aspekt usw.). Langes Darstellungen scheinen uns diese Auffassung zu bestätigen. Es bewegt sich nicht irgend etwas, es verändert sich nicht irgend etwas, es sind nicht irgendwo Widersprüche zu finden usw., sondern es bewegen und entwickeln sich materielle *Systeme*, es bestehen Widersprüche zwischen diesen Systemen und ihrer Umgebung bzw. zwischen den Gesamtsystemen und ihren Teilsystemen. Die Entwicklung im Universum ist immer die Entwicklung von Systemen und nicht von irgendwelchen Dingen, Erscheinungen usw. Gewiß könnte man einige allgemeine Einwände erheben. Lange betrachtet nicht Systeme schlechthin, sondern determinierte Systeme. Die Funktionen, die also beispielsweise den Zusammenhang zwischen dem Input und dem Output eines Systems darstellen, beziehen sich nicht auf stochastische Systeme. Die Formel (2.4), die die Beziehungen zwischen den Inputzuständen eines Systems (bzw. Teilsystems) und den Outputzuständen darstellt

$$y = T(x) \qquad (2.4)$$

und die den Charakter einer Transformation hat, der der Vektor x unterworfen wird, drückt das deterministische Verhalten des Systems aus. Im allgemeinen sind Systeme aber nicht in diesem Sinne deterministisch, sondern sie haben stochastischen Charakter. Dies bedeutet, daß bei gegebenen Zuständen der Inputs die Zustände der Outputs nur in Form von Wahrscheinlichkeitsverteilungen gegeben sind. An die Stelle der oben genannten Formel tritt dann die kompliziertere Formel

$$P(y < \eta) = T(\eta, x) \,.$$

Dabei ist $P\,(\boldsymbol{y} < \boldsymbol{\eta})$ die Wahrscheinlichkeit, daß die Komponenten des Vektors $\boldsymbol{y}$ sämtlich kleiner sind als die Komponenten des Vektors $\boldsymbol{\eta}$. Zu gegebenen Zuständen des Inputs $\boldsymbol{x}$ gibt es dann nicht gegebene Zustände des Outputs $\boldsymbol{y}$, sondern Wahrscheinlichkeitsverteilungen über mögliche Zustände des Outputs $\boldsymbol{y}$. Die Beziehung zwischen der eben angegebenen Formel und der aus dem Buch zitierten ist darin zu sehen, daß im deterministischen Falle mit der Wahrscheinlichkeit 1 die Formel $\boldsymbol{y} = T(\boldsymbol{x})$ gilt, während jeder andere Wert von $\boldsymbol{y}$ die Wahrscheinlichkeit 0 hat. Dies kann bereits an einem sehr einfachen mathematischen Modell erläutert werden.

$$T\left\{\begin{array}{ccccc} \multicolumn{2}{c}{a} & b & c & d \\ \swarrow & \searrow & | & | & | \\ c & d & a & d & c \end{array}\right.$$
$$\begin{array}{cc} \vdots & \vdots \\ p_1 = 0{,}1 & p_2 = 0{,}9\,. \end{array}$$

Vom Zustand a führt nicht ein eindeutiger Weg zu den Zuständen c bzw. d, sondern beide Zustände können mit einer gewissen Wahrscheinlichkeit erreicht werden. Diese „Wahrscheinlichkeitsverteilung" wäre allerdings extrem einfach. Häufig führt ein methodologisch einfacher gangbarer Weg von einem System der genannten Art zu einem determinierten System, wenn wir die Systemzustände neu definieren. Es könnte in unserem vorliegenden Modell wie folgt geschehen:

$$T\left\{\begin{array}{ccccc} \multicolumn{2}{c}{a} & b & c & d \\ \swarrow & \searrow & | & | & | \\ c & d & a & d & c \end{array}\right.$$
$$\left.\begin{array}{l} c = c' \\ d = c' \end{array}\right\}\left\{\begin{array}{ccc} a & b & c' \\ | & | & | \\ c' & a & c' \end{array}\right..$$

Die Gegebenheiten des Systems könnten ja etwa so sein, daß wir auf die Unterscheidung zwischen den Zuständen c und d verzichten können, da sie für die Lösung vorliegender Aufgaben nicht erforderlich ist. Dies brächte uns einen merklichen Gewinn, nämlich den Übergang von einem stochastischen zu einem determinierten System.

Die in vorliegender Arbeit erfolgte Beschränkung auf determinierte Systeme bedeutet also aus den verschiedensten Gründen keine Einschränkung der Allgemeinheit. Wenngleich, gewissermaßen „in letzter Instanz“, alle materiellen Systeme stochastischer Natur sind, so hat die Wissenschaft doch vielerlei Methoden und Verfahren ausgearbeitet, die es gestatten, die Betrachtung solcher Systeme durch die Analyse von Systemen zu ersetzen, die determinierten Charakter haben und deren Verhalten sich von denen entsprechender stochastischer Systeme so wenig unterscheidet, daß die Differenz für den jeweiligen praktischen Fall belanglos wird. O. Lange stellt sich nicht die Aufgabe, einen allgemeinen Systembegriff schlechthin zu formulieren. Dennoch wird die Verbindung zwischen seinem spezifisch kybernetischen System und einem solchen allgemeinen Systembegriff immer wieder deutlich sichtbar. Dies mag etwa an folgendem einfachen Beispiel erläutert werden. Die Gleichung (3.3) beschreibt die Kopplung zwischen den aktiven Elementen E_1 und E_2:

$$x^{(2)} = C_{21}\, y^{(1)} . \tag{3.3}$$

Nun muß nicht notwendigerweise der Output von E_1, d. h. der Vektor $y^{(1)}$ identisch mit dem Input von E_2, d. h. dem Vektor $x^{(2)}$ sein.

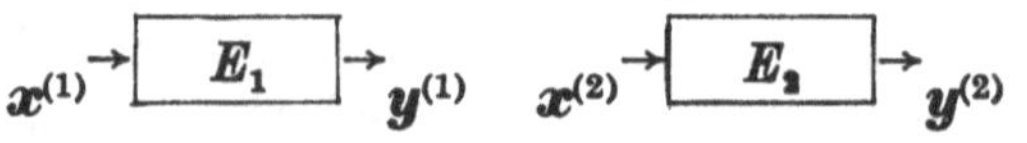

$$y^{(1)} \neq x^{(2)} .$$

Dies bedeutet beispielsweise, daß nicht alle Inputs von E_2 an der Kopplung teilnehmen. Der Inputvektor von E_2 kann also in zwei Teilvektoren zerlegt werden, wobei dann für den Teilvektor $x_1^{(2)}$, dessen Komponenten an der Kopplung tatsächlich teilnehmen, gilt:

$$x_1^{(2)} = C_{21} \cdot y^{(1)} .$$

Diese unterschiedlichen Fälle (Elemente, die miteinander direkt überhaupt nicht gekoppelt sind, Elemente, deren Kopplungen sich nur auf einige Komponenten der Input- bzw. Outputvektoren bezieht usw.) ließen sich alle unter einem sehr allgemeinen mengentheoretischen Gesichtspunkt darstellen. Diesen Gesichtspunkt verdanken wir merkwürdigerweise Norbert Wiener. Der Leser mag vielleicht fragen, was denn daran merkwürdig sei, daß der Name Norbert Wiener im Zusammenhang mit der Diskussion der Struktur kybernetischer Systeme genannt wird. Das Merkwürdige ist darin zu sehen, daß der Begriff der Kreuzmenge, den wir hier im Auge haben, von Norbert Wiener zu einer Zeit erarbeitet wurde, als er sich mit mathematischer Logik (Relationslogik) beschäftigte und an Kybernetik und kybernetische Systeme bestimmt noch nicht gedacht hatte. Der Begriff der Kreuzmenge zweier Mengen M bzw. N und der Begriff der Abbildung lassen sich im Anschluß an die Wienerschen Begriffsbildungen wie folgt definieren:

a) Die Kreuzmenge $M \times N$ von M und N ist die Menge aller geordneten Paare (a, b) mit $a \in M$ und $b \in N$, d. h. $(a, b) \in M \times N$ genau dann, wenn $a \in M$ und $b \in N$.

b) φ ist eine Abbildung aus M in N: $\varphi \subseteq M \times N$.

Selbstverständlich lassen sich die Mengen M und N in unserem speziellen Fall als Mengen von Inputs bzw. Outputs definieren. Die beiden Mengen sind nicht elementefremd, da der Input eines Elements der Output eines anderen Elements sein kann und beim Vorliegen von Kopplungen auch sein muß. Es empfiehlt sich deshalb, nicht mit zwei verschiedenen Mengen, sondern mit ein und derselben Menge zu operieren und die Kreuzmenge dieser Menge mit sich selbst zu bilden. Es geht dann um Abbildungen der Menge auf sich (bzw. aus M in M usw.). Jede Form der Kopplung zwischen den Elementen eines Systems, d. h., jede besondere Struktur, die über den Elementen eines Systems definiert ist und von O. Lange durch die Strukturmatrix erfaßt wird (4.5.) erscheint in dieser mengentheoretischen Sicht als eine besondere Form der Abbildung. Ausgehend von dieser Überlegung ließen sich im Prinzip sämtliche Ableitungen und Begriffsbildungen aus dem Buch O. Langes auf mengentheoretische Begriffsbildungen zurückführen. Dies ist sicher für eine allgemeine Systemtheorie, nicht aber für eine spezielle kybernetische zweckmäßig und wünschenswert.

Aber bereits in der vorliegenden Form der Darstellung ist unmittelbar einsichtig, daß eine kybernetische Systemtheorie für die Systematisierung und Präzisierung der Begriffsbildung im Rahmen einer materialistischen Dialektik von größter Bedeutung ist. Sehr viele Begriffe wie „offenes System", „geschlossenes System", „Umgebung", „Oberfläche" bzw. „Rand" eines System usw. lassen sich jetzt genau fixieren. Es versteht sich von selbst, daß damit weder den Philosophen noch den Einzelwissenschaftlern, die es mit Systembegriffen zu tun haben, etwa ein für allemal die Arbeit abgenommen wäre. Es wird auch keinesfalls immer möglich sein, im konkreten Einzelfall die Präzision der Langeschen Begriffsbildung zu erreichen. Aber schon jeder Versuch in dieser Richtung ist wesentlich und von größtem heuristischen Wert. Nach dem Studium dieses Werkes von Lange wissen wir viel besser und genauer als vorher, was wir uns unter Formalisierung bzw. Mathematisierung von Systembegriffen und allen davon abgeleiteten Begriffen der Philosophie und der Einzelwissenschaften vorzustellen haben.

Die vorliegende Schrift ist philosophisch und allgemein wissenschaftsmethodologisch außerordentlich ertragreich. Es kann nicht unsere Aufgabe sein, den ganzen Umfang der Beziehungen zwischen den Darlegungen Langes und der allgemeinen Methodologie der Wissenschaften, der Erkenntnistheorie usw. im einzelnen darzulegen. Vor allem kann es nicht unsere Aufgabe sein, die außerordentlichen Verdienste dieser Schrift für die Weiterentwicklung der allgemeinen Systemtheorie der Kybernetik selbst darzulegen. Diese Verdienste werden bei einer sorgfältigen Lektüre der vorliegenden Schrift unmittelbar sichtbar. Es sei darauf hingewiesen, daß Lange sehr präzise angibt, wann ein System im Unterschied zu irgendwelchen anderen dynamischen Systemen als kybernetisches System bezeichnet werden kann, wie man den Begriff der Entwicklung eines kybernetischen Systems mathematisch fassen kann, worin die allgemeinen Bedingungen für das Gleichgewicht und die Stabilität eines solchen Systems bestehen usw. Hervorgehoben werden muß in diesem Zusammenhang vor allem, daß es O. Lange gelingt, die Vielzahl der in der Literatur angegebenen Stabilitätsbedingungen für ein kybernetisches System unter eine allgemeine mathematische Beziehung zu bringen (8.29a). Es wird damit zugleich dem Irrtum entgegengetreten, als könne Stabilität eines kybernetischen Systems nur durch negative Rückkopplung erreicht werden. Für die allgemeine

Systemtheorie der Kybernetik von großer Bedeutung ist schließlich das, was der Verfasser „Selbststeuerung“ im Gegensatz zu „Selbstregelung“ nennt. Die Selbstregelung erscheint als Spezialfall der Selbststeuerung. Im deutschen Sprachbereich hat man sich daran gewöhnt, hier von einer Gegenüberstellung von Festwert- und Folgeregelung zu sprechen. Lange nennt die Entwicklung eines kybernetischen Systems einen ergodischen Prozeß, wenn folgende Gleichungen gelten:

$$\lim_{t \to \infty} X_t = \hat{X}_t \,, \tag{9.1}$$

$$\lim_{t \to \infty} Y_t = \hat{Y}_t \,. \tag{9.2}$$

Der Bereich nun, innerhalb dessen die Funktionen X_t und Y_t beliebig gewählt werden dürfen und dennoch im weiteren Verlauf der Entwicklung schließlich das durch die eben angegebenen Gleichungen charakterisierte Resultat zustände kommt, heißt der Ergodizitätsbereich des Systems. Es ist unmittelbar einsichtig, daß in einer solchen Denkweise der Laplacesche Dämon nichts mehr zu suchen hat. Die Existenz solcher ergodischer Prozesse und kybernetischer Systeme, die solchen Prozessen genügen, lassen alle aristotelisch-thomistischen Gedankengänge über unendlich lange Kausalketten, an derem Anfang eine erste Ursache stehen muß, als wissenschaftlich überholt erscheinen. Im Umkreis seiner Überlegungen zum Begriff der Ergodizität gelingt es Lange auch, eine exakte mathematische Formulierung des Begriffs der Störung zu geben (9.3 bzw. 9.4).

Das Hauptanliegen dieses Vorwortes ist es, neben einer Würdigung der vorliegenden Schrift, im allgemeinen Rahmen der Entwicklung der Kybernetik und der bedeutenden wissenschaftlichen Leistung Langes die Querverbindungen zwischen den Begriffsbildungen, Ableitungen etc. dieses Werkes und der allgemeinen Methodologie der Wissenschaften bzw. Erkenntnistheorie sichtbar zu machen. Da ist zunächst der Begriff des Systems und des Elements eines Systems. Der Begriff des Elements ist einerseits objektiv, da die Input-Output-Relationen, die das Element charakterisieren, objektiv und real existieren. Der Begriff des Elements ist andererseits relativ, da es selbst wieder auf ein bestimmtes System bezogen ist. Das, was im Rahmen *eines* Systems als Element erscheint (d. h. als eine Einheit, die im Rahmen eben dieses Systems nicht mehr weiter in Unterelemente zerlegt werden kann bzw. soll), kann im Rahmen eines *anderen* Systems selbst ein kompliziertes, wiederum aus Elementen bestehendes Teilsystem sein. Wichtig für die Methodologie der Wissenschaften ist ferner die Einsicht, daß ein und dieselbe Menge von Elementen noch nicht ein bestimmtes System charakterisiert bzw. festlegt. Erst eine Menge von Elementen, die genau definiert sind, zusammen mit einer bestimmten Kopplungsmatrix (Strukturmatrix) legen ein bestimmtes System fest. Auf dieser Grundlage ist es auch möglich, das traditionelle Begriffspaar *Form–Inhalt* durch das Begriffspaar *Struktur–Funktion* zu ersetzen.

Wir dürfen also Struktur mit dem Begriff der Kopplungsmatrix eines Systems im Sinne Langes identifizieren. Den Begriff der Funktion eines Systems kann man durch die Art und Weise charakterisieren, wie ein bestimmter Inputvektor des Systems durch dieses System zu einem bestimmten Outputvektor verarbeitet wird. Diese Zusammenhänge sind von außerordentlicher Allgemeinheit und gelten im Prinzip für jede Wissenschaft, die es sich zur Aufgabe setzt, objektiv-real existierende Systeme auf Systeme begrifflicher Zusammenhänge abzubilden. Sie gelten insbesondere beispielsweise auch für die objektiv-realen Systeme der Lenkung und Leitung des Staates und der Wirtschaft und die begriffliche Widerspiegelung dieser Systeme in einer im Aufbau begriffenen Wissenschaft von der Leitung und Lenkung des Staates und der Wirtschaft. Wichtig ist in diesem Zusammenhang eine Einsicht, die sich implizit aus den Darlegungen Langes ableiten läßt. Bei vorgegebener Elementemenge und vorgegebener Leistungsfähigkeit der einzelnen Elemente läßt sich eine bestimmte Funktion des Systems im eben definierten Sinne durch verschiedenartige Schaltstrukturen realisieren. Struktur und Funktion sind einander nicht eindeutig zugeordnet, was bedeutet, daß es möglich ist, unter einer Menge von Strukturen, die ein und dieselbe Funktion realisieren, die technisch bzw. ökonomisch optimale ausfindig zu machen.

Von außerordentlicher Aussagekraft ist der kurze, aber gedankenreiche Abschnitt 5 (Systeme höherer Ordnung). Mit einfachen matrizentheoretischen Hilfsmitteln gelingt es Lange, den Begriff des Zusammenhangs bzw. der Unabhängigkeit von Systemen bzw. Teilsystemen mathematisch exakt zu fassen und insbesondere den Begriff des Systems zweiter, dritter, ..., n-ter Ordnung begrifflich präzis zu formulieren. Hierarchisch geordnete Folgen von Systemen treffen wir in fast allen Bereichen der Wirklichkeit an (Astronomie, Biologie, Philosophie usw.). Auch das neue ökonomische System der Planung und Leitung ist bei Lichte besehen letzten Endes ein solches hierarchisches System (Betriebsabteilung – Betrieb – VVB – usw.). Es gibt deshalb auch allgemeine Gesetzmäßigkeiten, die solchen hierarchisch geordneten Komplexen kybernetischer Systeme zugrundeliegen und deren Studium das voraussetzt, was Lange in ersten Ansätzen leistet: Präzise Definition der Ausgangspunkte und Grundlagen.

Geht man von den einzelnen Inputs und Outputs des Systems zu Vektoren X und Y über, die die Gesamtheit der Inputs und Outputs als Komponenten enthalten und benützt den von Lange (4.5) abgeleiteten Ausdruck für die Strukturmatrix des gesamten Systems, so lassen sich durch relativ einfache Umformungen (wobei noch die einzelnen Transformationen T_1, T_2, ..., die den Zusammenhang zwischen Input und Output der einzelnen Elemente vermitteln — siehe Formel (2.4) — zu einer Diagonalmatrix T zusammengefaßt werden) die Bewegungsgleichungen des Systems ableiten:

$$X' = S\,T(X)\,, \qquad (6.23)$$

$$Y' = T\,S(Y)\,. \qquad (6.24)$$

Diese Formeln sind außerordentlich allgemein. Sie sind, was ihren Inhalt betrifft, nicht auf mathematische Bereiche oder solche der theoretischen Physik eingeschränkt. Sie gelten im Prinzip für jedes kybernetische System, ganz gleich wo und wie es in Erscheinung tritt. Sie sind, was ihre Form betrifft, nicht auf diskrete oder kontinuierliche Bewegungsformen beschränkt. Wie Lange zeigt, ist der Übergang von Systemen von Differenzengleichungen zu solchen von Differentialgleichungen relativ leicht herzustellen.

Die genauere Analyse zeigt, daß wenige, aber bedeutsame mathematische Relationen den ganzen Reichtum der Dialektik von Teil und Ganzem, vom Zusammenhang der Bewegungsform von Ganzem und der Bewegungsform von Teilen enthalten. Die Entstehung neuer Qualitäten eines Systems durch quantitative Veränderungen (etwa der Zahl der Elemente der Menge und Art der Relationen, die diese Elemente verknüpfen usw.) ist hier materialistisch und naturwissenschaftlich exakt erklärt. Für geheimnisvolle „Ganzheiten“ bleibt kein Platz mehr. Nun erhält auch die oft sehr verschwommen gebrauchte Behauptung, daß das Ganze mehr sei als die Summe seiner Teile, einen präzisen mathematischen Sinn. Die Wahrheit dieser Behauptung ist nicht trivial. Sie beinhaltet nämlich die ganze komplizierte Dialektik von Teil und Ganzem, von Elementemenge und Struktur dieser Menge usw. Weil Struktur und Funktion einander nicht eineindeutig zugeordnet sind, ist im Bereich der jeweils möglichen Strukturmengen eine Entwicklung möglich, eine Entwicklung, die dahin führt, daß die Funktion des Systems schließlich mit einer optimalen Struktur realisiert wird.

Von den weiter oben angegebenen Bewegungsgesetzen des Systems geht Lange zur Darstellung des Verhaltens der kybernetischen Systeme in der Zeit über, d. h. er entwickelt ein mathematisches Schema zur Darstellung des Entwicklungsprozesses eines Systems. Diese Darstellung nimmt etwa für den Vektor $\boldsymbol{X}$ folgende Gestalt an:

$$\boldsymbol{X}_{t+\theta} = S\, T(\boldsymbol{X}_t)\,. \qquad (7.6)$$

Auf dieser Grundlage ist es sinnvoll, nicht nur von den Bewegungsgleichungen physikalischer oder technischer kybernetischer Systeme zu sprechen, sondern auch von einer mathemathischen Darstellung des Entwicklungsprozesses volkswirtschaftlicher oder soziologischer bzw. biologischer Systeme. Die Tatsache, daß in diesen Fällen die Transformationen T_1, $T_2, \ldots; S_1, S_2, \ldots$ bzw. die entsprechenden Matrizen T, S nur mit sehr großen Schwierigkeiten aus dem gegebenen empirischen Material durch Abstraktion gewonnen werden können, ändert an diesem grundsätzlichen Tatbestand nichts. W. Ross Ashby und N. Wiener haben mit ihren ersten grundlegenden Werken zur Kybernetik auf die große Bedeutung eines in der Mathematik seit langer Zeit zum alltäglichen Begriffsinstrumentarium gehörenden geistigen Instruments hingewiesen, nämlich auf den Begriff der Transformation. Wenn die materielle Welt, wie sich aus einer Zusammenschau der Gesichtspunkte der materialistischen Dialektik und der Kybernetik ergibt, ein Gefüge von materiellen Systemen ist, jede Veränderung und Entwicklung im Universum damit also letztlich eine Veränderung und Entwicklung materieller Systeme darstellt, dann muß dem Begriff der Transformation zwangsläufig eine große Bedeutung zukommen, denn jede Änderung eines materiellen Systems kann letztlich als eine Transformation dieses Systems aufgefaßt werden. Die Verwendung von Transformationen zur Charakterisierung der Veränderung, Entwicklung etc. kybernetischer Systeme wird bei O. Lange systematisch und durchgängig betrieben. Der Begriff der Transformation wird auch benützt, um die Begriffe des Reglers, der Regelung, Steuerung, des Gleichgewichts, der Stabilität, der Instabilität etc. abzuleiten (Kapitel 8) So wie gegen Ende des vorigen Jahrhunderts Felix Klein in seinem berühmten „Erlanger Programm" die verschiedenen Geometrien als Invariantentheorien bestimmter Transformationsgruppen gekennzeichnet hat, so tut dies O. Lange gewissermaßen im Bereich der kybernetischen Systeme.

Von großer Bedeutung ist schließlich das Kapitel über ergodische Prozesse (Kapitel 9). Diese Darlegung ist nämlich nicht mehr und nicht weniger als eine allgemeine Dialektik von Notwendigkeit und Zufall im Prozeß der Bewegung und Entwicklung materieller Systeme.

Und ein Weiteres dürfen wir den Darlegungen Langes entnehmen, was sich für die philosophische und methodologische Verallgemeinerung anbietet: Stabile Systeme im besonderen und ergodische Systeme im allgemeinen sind stets nur definiert im Hinblick auf ein bestimmtes endliches Zeitintervall und auf sonstige Intervalle bestimmter Parameterwerte. Es gibt kein ergodisches System schlechthin. Der allgemeine philosophische Satz, daß alles sich in Bewegung und Veränderung befindet und nichts von ewiger Dauer ist, was seiner Natur nach endlichen Charakter besitzt, erfährt hier eine mathematische Präzisierung. Es bleibt jedoch nicht bei diesem allgemeinen Ergebnis. Im Zusammenhang damit werden auch eine ganze Reihe Begriffsbildungen und Beziehungen der Philosophie und der Methodologie der Wissenschaften genauer bestimmbar und zwar so genau bestimmbar, daß man mit ihnen in den Einzelwissenschaften auch tatsächlich arbeiten kann. Ein Beispiel, auf das Lange im Schlußkapitel (Kapitel 10) seines Werkes kurz hinweist, mag dies erläutern. Nachdem Lange festgestellt hat, daß die uns aus der Biologie vertrauten Begriffe der Geburt, des Alterns und schließlich des Todes von Systemen außerordentlich verallgemeinerungsfähig sind, stellt er fest, daß alle diese Eigenschaften, die für biologische Prozesse charakteristisch sind, in gleicher Weise in allen Arten von physikalischen und chemischen ebenso wie in soziologischen und ökonomischen Prozessen auftreten und auch in automatischen, von Menschen erbauten Systemen erscheinen. Dies gilt z. B. auch für den dialektischen Widerspruch. Es ist eine bekannte These des dialektischen Materialismus, daß für die Entwicklung eines Systems letztlich die inneren Widersprüche, nicht aber die äußeren Widersprüche (die Widersprüche zwischen System und Umgebung) die entscheidenden sind. Diesem Satz hat man oft entgegen gehalten, daß sich doch in sehr vielen Fällen die äußeren Widersprüche als die entscheidenden erwiesen haben. Große Naturkatastrophen können eine biologische oder gesellschaftliche Entwicklung völlig zunichte machen, wobei dann die Entwicklung der inneren Widersprüche der betreffenden biologischen und soziologischen Systeme völlig belanglos wird (würde etwa in der Nähe unserer Sonne eine Supernova-Explosion ausbrechen, so wäre der zu diesem Zeitpunkt gegebene Entwicklungsstand der inneren Widersprüche der auf unserer Erde vorhandenen soziologischen Systeme völlig unwesentlich). Diese scheinbaren Ungereimtheiten verschwinden in der Darstellung Langes. Die genannte These wird jetzt richtig formulierbar, und zwar wie folgt: Die inneren Widersprüche eines kybernetischen Systems sind gegenüber den äußeren Widersprüchen die entscheidenden, die wesentlichen *im Ergodizitätsbereich*. Außerhalb dieses Bereiches wird die Entwicklung der inneren Widersprüche und ihr Verhältnis zu den äußeren Widersprüchen unbestimmt. Dies und vieles andere, was hier direkt oder indirekt zum Begriff des dialektischen Widerspruchs gesagt ist, ist als eine wesentliche Bereicherung der materialistischen Dialektik zu betrachten. Dabei ist zugleich eines erneut sichtbar, was in den letzten Jahren Gegenstand der Diskussion war. Es betrifft dies die Rolle der Mathematik. Es gibt wohl heute in den Gesellschaftswissenschaften kaum noch einen „letzten Ritter“ der nur *verbalen* Beschreibung der Prozesse der objektiven Realität, und auch sehr konservative Denker im Bereich der Methodologie der Wissenschaften wagen es nicht mehr, die große Bedeutung der Anwendung der Mathematik in den Gesellschaftswissenschaften zu bestreiten. Man findet aber oft noch die Auffassung, daß die Mathematik nur eine nützliche Hilfswissenschaft sei, deren Begriffsapparat dazu dienen könne, Ergebnisse von Messungen, Beobachtungen besser als bisher zusammenzufassen und vieles präziser zu formulieren usw. Diese Feststellung ist nur die halbe Wahrheit (bzw. nur ein Bruchteil der Wahrheit!). Tatsächlich geht die Mathematik heute in vielen Gesellschaftswissenschaften als organischer Bestandteil in die Methodik dieser Wissenschaften ein. Viele neue Gesetzmäßigkeiten lassen sich erst und gerade durch die Anwendung der Mathematik entdecken, und zwar Gesetzmäßigkeiten, die ohne diese Anwendung gar nicht oder nur sehr schwer ans Tageslicht gekommen wären.

Langes Werk ist ein Stück mathematisch präzisierter Evolutionstheorie und der Autor bekennt sich ausdrücklich zur materialistischen Dialektik. Aber gerade die Anwendung der Mathematik führt hier zum Beweis einiger Thesen, die sich nur schwer mit gewissen traditionellen und liebgewordenen Vorstellungen aus dem Bereich der dialektischen Entwicklungstheorie vereinbaren lassen. Eine solche These ist etwa die Feststellung, daß sich das Neue, im Prozeß der Entwicklung befindliche, gegenüber dem Alten stets durchsetzt. Die nähere Untersuchung der Kategorie „Störung“ (die ja ebenfalls in Langes Darstellung eine mathematische Präzisierung erfährt), zeigt jedoch, daß der Sachverhalt nicht in dieser simplifizierten Weise wiedergegeben werden kann. Der Ergodizitätsbereich eines „jungen“, eben erst sich entwickelnden kybernetischen Systems ist relativ klein, er wird allmählich größer, um schließlich beim Altern des Systems wieder abzunehmen. Das bedeutet auch, daß ein junges System (also das „Neue“) zunächst nur gegen relativ kleine Störungen ausreichenden Widerstand leisten kann, während ihm die Bewältigung größerer Störungen schwerfällt, wenn nicht gar unmöglich ist. Nicht alles Neue hat also die Chance, sich durchzusetzen. Es findet vielmehr ein Ausleseprozeß statt. Nur diejenigen ergodischen Systeme, die optimal mit Störungen der verschiedensten Art fertig werden, setzen sich schließlich im Wettbewerb der kybernetischen Systeme durch (Verallgemeinerung des Darwinschen Selektionsprinzips). Gegen Ende des 19. und zu Anfang des 20. Jahrhunderts wurde gegen die naturdialektischen Untersuchungen von Friedrich Engels von Seiten der Naturwissenschaftler eingewandt, daß diese Untersuchungen viel zu sehr durch die Begriffsbildungen der Biologie geprägt seien, in den anderen Naturwissenschaften aber wenig Bedeutung hätten. Die Entwicklung der Kybernetik beweist uns jedoch, daß tatsächlich gerade die Biologie ein gutes Ausgangsfeld für die Vornahme kybernetischer Abstraktionen und Verallgemeinerungen ist. Es ist ein besonderes Verdienst der Arbeit von Lange, gezeigt zu haben, daß es sich bei solchen Begriffsbildungen wie „Reifen“ bzw. „Altern“ von kybernetischen Systemen, „natürlicher Ausleseprozeß kybernetischer Systeme“ usw. keinesfalls um vage Analogien handelt, sondern daß alle diese Begriffsbildungen nach einem entsprechenden Abstraktionsprozeß in exakte mathematische Formen gegossen werden können. Das abschließende Kapitel 10 des vorliegenden Werkes hat den Charakter einer Schlußbetrachtung und eines Ausblicks auf weitere Perspektiven der Entwicklung der Kybernetik und ihrer Wechselbeziehungen zur materialistischen Dialektik. Hier geht es weniger um Mitteilung von Resultaten, sondern um die Stellung einer Aufgabe: Den Vertretern der Erkenntnistheorie, der allgemeinen Methodologie der Wissenschaften und der materialistischen Dialektik ist von nun an aufgegeben, die sehr allgemeinen und weitreichenden Ergebnisse, die hier zur Diskussion stehen, in das Gesamtsystem der Philosophie zu integrieren und sie andererseits als Bestandteil der Methodologie der Wissenschaften der Gesamtheit der übrigen Einzelwissenschaften in entsprechend aufbereiteter Form zur Verfügung zu stellen. Keine Darstellung der materialistischen Dialektik, sei es in Form von Monographien oder in irgendeiner lehrbuchartigen Form, wird künftighin Anspruch erheben können, auf der Höhe der Zeit zu stehen, wenn sie die Grundgedanken, die in diesem abschließenden Kapitel formuliert werden, nicht in dieser oder jener Form mit verarbeitet und weiterentwickelt. Lange spricht davon, daß man durch Prüfung des Problems der Entwicklung einen präzisen Begriff des dialektischen Widerspruchs, der den Systemen innewohnt, ebenso gewinnen kann wie eine Erklärung dafür, daß dieser dialektische Widerspruch die Quelle der Bewegung und der Selbsterzeugung des Systems ist. Es ließe sich zeigen — und wir haben dies an anderer Stelle versucht — daß entsprechendes auch für die anderen Kategorien der materialistischen Dialektik gilt.

Der große wissenschaftliche Ertrag dieses Werkes ist hinreichender Grund, um dem Akademie-Verlag dafür zu danken, daß er den Lesern in den deutschsprachigen Ländern das vorliegende Werk in einer adäquaten Übersetzung zugänglich gemacht hat. Ausgangspunkt für die Übertragung ins Deutsche war die ursprüngliche polnische Fassung des Werkes „Całość i rozwój w świetle cybernetyki“ (Warschau 1962). Es wurde jedoch auch wesentlich die von O. Lange autorisierte englische Ausgabe „Wholes and Parts“ (A General Theory of System Behavior), Pergamon-Press Oxford etc. 1965, herangezogen. Um die Bearbeitung und die Drucklegung nicht zu verzögern, wurde darauf verzichtet, die ursprüngliche Ausgabe durch Personen- und Sachregister sowie einen Anmerkungsapparat zu ergänzen. Dies mag späteren Auflagen vorbehalten bleiben.

Für die wissenschaftliche Bearbeitung des vorliegenden Textes und insbesondere die präzise Gestaltung der Übertragung mathematischer Begriffsbildungen gebührt Herrn Dr. Wintgen besonderer Dank.

Wir sind überzeugt, daß dieses Werk, das in vieler Hinsicht den Charakter einer programmatischen Schrift hat, sich nicht nur einen Leserkreis aus dem Bereich der Mathematiker und der Vertreter der exakten Naturwissenschaften, sondern auch aus dem der Gesellschaftswissenschaften, und zwar insbesondere der Philosophie und Politischen Ökonomie erwerben wird und daß darüberhinaus viele Vertreter der technischen Intelligenz, die an den Grundlagenproblemen ihres Fachgebietes interessiert sind, zu diesem interessanten Buch greifen werden. Das mathematische Gewand des vorliegenden Werkes sollte kein prinzipielles Hindernis sein. Dies um so weniger, als das, was an mathematischen Vorkenntnissen über den Bereich der Oberschule hinausgeht, mit relativ geringer Anstrengung des Begriffs aus den in reichlicher Zahl vorhandenen Einführungen in die Matrizen-, Vektorenrechnung, Theorie der Transformationen etc. zu erlernen ist.

Berlin, Januar 1966 Georg Klaus

I. Einleitung

Zu den Schlüsselfragen des dialektischen Materialismus gehören das Problem der Ganzheit sowie die Frage nach dem Charakter der dialektischen Entwicklungsprozesse. Der dialektische Materialismus behauptet, daß es materielle Systeme gibt, deren Elemente durch eine Kette von Ursache–Folge-Wirkungen miteinander verknüpft sind. Solche Systeme besitzen Eigenschaften, die sich von den Eigenschaften ihrer Elemente unterscheiden; außerdem zeigen sie eine besondere Verhaltensweise, die sich nicht allein aus den Verhaltensweisen der Elemente ableiten läßt. Wie bezeichnen solche Systeme als „Ganzheiten“. Als Beispiele lassen sich anführen: chemische Verbindungen im Verhältnis zu physikalischen Gemischen von Elementen, lebende Materie im Verhältnis zu physikalisch-chemischen Systemen, tierische Organismen im Verhältnis zu individuellen Zellen der lebenden Materie, psychische Prozesse im Verhältnis zu den biologischen Eigenschaften eines Organismus und schließlich menschliche Gesellschaften, oder genauer ausgedrückt, verschiedene historische gesellschaftliche Formationen im Verhältnis zu den biopsychischen Eigenschaften und Verhaltensweisen der menschlichen Organismen.

Die Existenz solcher Ganzheiten hängt nach der Theorie des dialektischen Materialismus mit der dialektischen Natur der Entwicklungsprozesse zusammen. In einem System, das eine Ganzheit darstellt, treten Widersprüche auf, die das System daran hindern, einen unveränderlichen Zustand beizubehalten. Diese Widersprüche erzeugen Veränderungen, die ihrerseits zu einer Neuanpassung führen, so daß die Widersprüche verschwinden. Aber gerade diese Veränderungen öffnen den Weg zu neuen Widersprüchen, die wiederum neue Veränderungen erzeugen usw. Somit können Ganzheiten niemals in einem veränderungsfreien Zustand verharren: sie müssen sich ständig verändern. Die Veränderungen zeigen allerdings eine bestimmte Richtung; anders ausgedrückt: sie bilden einen *Entwicklungsprozeß*. Im Verlaufe dieser Entwicklung vereinigen sich individuelle Ganzheiten zu komplexeren Systemen, das heißt zu Ganzheiten „höherer Ordnung", die neue Eigenschaften und neue Verhaltensweisen aufweisen, die vorher noch nicht angetroffen wurden. Im Verlaufe einer dialektischen Entwicklung treten also *neue Eigenschaften* (neue „Qualitäten") und neue Verhaltensweisen auf.

Diese Darstellung der Beziehung zwischen den Ganzheiten zu ihren Elementen und der Entstehung neuer Ganzheiten mit entsprechenden Verhaltensweisen im Verlaufe der dialektischen Entwicklung ist eine umfassende Verallgemeinerung von Ergebnissen aus Natur- und Gesellschaftswissenschaften. Der Fortschritt der Wissenschaften bestätigt dies zusehends und befähigt uns, die methodologische Struktur dieser Darstellung zu vertiefen. Und das ist eine dringende Notwendigkeit. Denn Versuche, diese immer stärker durch die Erfahrung bestätigte Darstellung zu analysieren, haben voreilig zu einseitigen Konzeptionen geführt, die weder den bisherigen Erfahrungen noch der wissenschaftlichen Methodologie gerecht werden.

Der erste Typus einer solchen Konzeption ist der *metaphysische Finalismus*. Er schreibt den Ganzheiten irgendeinen spezifischen und wesentlichen Faktor zu, der ihnen den Charakter einer Ganzheit mit besonderen Eigenschaften und Verhaltensweisen verleiht. Außerdem sichert dieser Faktor den gerichteten Charakter der Entwicklung. Als Theorie der „vital force", der „Entelechie", des „élan vital", der „Seele", des „Geistes einer Nation oder einer Epoche" usw. hat der metaphysische Finalismus in immer neuem Gewande Eingang in die Philosophie und in andere Wissenszweige gefunden. Er rechtfertigt sich damit, daß auf „höheren" Entwicklungsebenen neue Eigenschaften und neue Verhaltensweisen zutage treten. Wie wir wissen, haben auch einige Vertreter des dialektischen Materialismus, die stark von Hegel beeinflußt waren, solchen Vorstellungen nicht gänzlich widerstehen können.

Der zweite Typus einer einseitigen Konzeption ist der *Mechanizismus*. Er vertritt die Ansicht, daß sich die Eigenschaften und die Verhaltensweisen einer Ganzheit vollständig aus den Eigenschaften der Elemente ableiten lassen. Leugnet man diese Annahme, so wird man als Anhänger des metaphysischen Finalismus hingestellt. Einige Vertreter des dialektischen Materialismus kamen einem solchen mechanizistischen Herangehen ziemlich nahe. Sie wurden auf diesen Standpunkt gedrängt, weil sie fürchteten, einer metaphysischen Denkweise zu verfallen.

Beide Konzeptionen stehen jedoch im Widerspruch mit der Erfahrung und sind mit keiner wissenschaftlichen Methode zu vereinbaren. Der Mechanizismus leugnet die auf der Erfahrung beruhende Tatsache, daß es Ganzheiten gibt, die ihre eigenen spezifischen Eigenschaften und Verhaltensweisen besitzen. Der Finalismus hingegen führt „Entitäten" ein, deren Existenz durch die Erfahrung weder bestätigt wurde noch je bestätigt werden kann. Ein exaktes und methodologisch richtiges Herangehen an die Frage der Ganzheit und der dialektischen Entwicklung war bisher nicht möglich, weil ein angemessener Apparat von Begriffen und Verfahrensregeln fehlte. Gegenwärtig wird diesem Mangel abgeholfen, und zwar mit der Ausbildung einer neuen Wissenschaft, der Kybernetik. In dieser Arbeit soll der Apparat dargelegt werden, der zur genauen Behandlung des Problems der Ganzheit und der dialektischen Entwicklung erforderlich ist.

II. Das aktive Element

Unter einem *aktiven Element E* verstehen wir ein materielles Objekt, das auf bestimmte Weise von anderen materiellen Objekten abhängt und das auf bestimmte Weise auf andere materielle Objekte einwirkt. Die Menge der anderen materiellen Objekte bezeichnen wir als *Umgebung* des gegebenen Elements.

Wir nehmen folgendes an:

1. Die Umgebung wirkt auf das Element *E* in der Weise, daß in diesem Element gewisse Zustände genau bestimmter Art herbeigeführt werden, zum Beispiel Temperatur, Druck, elektrische Ladung, Gefühl, Sinneseindruck. Die einzelnen Arten solcher Zustände bezeichnen wir als *Eingänge* (inputs) des Elementes *E*.

2. Das Element *E* wirkt auf die Umgebung, indem es bestimmte Zustände genau bestimmter Art annimmt, zum Beispiel Temperatur, Magnetfeld, Farbe, Erzeugung von Tönen, Bewegung. Die einzelnen Arten solcher Zustände bezeichnen wir als die Ausgänge (outputs) des Elementes *E*.

3. Das Element *E* besitzt mindestens einen Eingang und einen Ausgang.

4. Die Eingangszustände bestimmen die Ausgangszustände eindeutig.

Die Annahmen 1 und 2 werden auch durch die Feststellung ausgedrückt, daß das Element *E* „relativ isoliert" ist[1]).

[1]) Dieser Begriff wurde erstmalig von Henryk Greniewski eingeführt, in „Elementy logiki indukcji", Warszawa 1955, S. 28. Vgl. auch Greniewski, Cybernetic Without Mathematics, Pergamon Press London, PWN Warszawa, 1960, S. 9—10. Greniewski spricht von einem „relativ isolierten System". Angesichts unseres vorliegenden Untersuchungsgegenstandes ziehen wir den Begriff „aktives Element" vor und bezeichnen mit „System" eine Menge gekoppelter Elemente. Vgl. S. 17.

Das bedeutet, daß das Element E ausschließlich über seine Eingänge und Ausgänge mit der Umgebung in Kontakt steht. Andere „Kanäle“ gibt es nicht. Annahme 3 schließt Elemente ohne Eingänge und Ausgänge, also *Monaden*, aus, außerdem auch solche Elemente, die entweder nur Eingänge oder nur Ausgänge besitzen, das heißt ausschließlich aktive bzw. ausschließlich passive Elemente. Jedes Element „empfängt“ durch die Eingänge das Verhalten der Umgebung und durch die Ausgänge „übermittelt“ es sein eigenes Verhalten an die Umgebung.

Annahme 4 konstatiert die eindeutige Beziehung zwischen den Eingangs- und den Ausgangszuständen. Wir bezeichnen diese Beziehung als *Verhaltensweise* des Elements E[1]).

Wir betrachten den Spezialfall, daß die Anzahl der Eingänge und der Ausgänge des Elementes E endlich ist. Die Anzahl der Eingänge sei m und die der Ausgänge sei n. Sowohl m als auch n sind natürliche Zahlen. Wegen Annahme 3 gilt $m \geqq 1$ und $n \geqq 1$. Die Differenz

$$\delta = n - m \tag{2.1}$$

bezeichnen wir als *Diversifizierung* des Elementes E. δ muß offensichtlich eine ganze Zahl sein, wobei sowohl $\delta > 0$; als auch $\delta < 0$ oder $\delta = 0$ eintreten kann.

Die Eingangs- und Ausgangszustände des Elementes E lassen sich durch Zahlen darstellen. Wenn der Eingangs- bzw. der Ausgangszustand aus einem gewissen Merkmal besteht (zum Beispiel rote Farbe, ein gegebener Ton oder Bewegung), das eintritt oder ausbleibt, so kann das Eintreten des Zustandes durch 1 und das Ausbleiben durch 0 bezeichnet werden. Hat der Eingangs- oder Ausgangszustand den Charakter einer sich diskret verändernden Größe (z. B. Anzahl der Fliegen in einem Experimentiergefäß, Anteil der männlichen Geburten an den Gesamtgeburten einer Familie u. a.), so bezeichnen wir den

[1]) Die Verhaltensweise des Elementes E wird also als streng determiniert angenommen. Für gewisse Fälle ist es angebracht vorauszusetzen, daß die Ausgangszustände nur stochastisch von den Eingangszuständen abhängep, d. h. daß zu jeder Menge von gegebenen Eingangszuständen eine Wahrscheinlichkeitsverteilung für die möglichen Ausgangszustände existiert (Anmerkung der deutschen Redaktion).

Zustand durch eine rationale Zahl, die als Maß dieser Größe dient. Ist hingegen der Eingangs- oder Ausgangszustand eine stetig veränderliche Größe (z. B. Temperatur, Gewicht, Höhe u. a.), so bezeichnen wir einen solchen Zustand durch eine reelle Zahl.

Somit können also Zahlen, die wir mit $x_1, x_2, \ldots, x_m$ bezeichnen, den Eingängen zugeordnet werden, um deren Zustände auszudrücken. Diese Zahlen bilden einen Vektor

$$\boldsymbol{x} = \begin{bmatrix} x_1 \\ x_2 \\ \vdots \\ x_m \end{bmatrix}, \tag{2.2}$$

der den Zustand der Eingänge darstellt. Wir bezeichnen diesen Vektor als *Eingangsvektor* und die Zahlen $x_1, x_2, \ldots, x_m$ als seine *Komponenten*.

In gleicher Weise werden auch den Zuständen der einzelnen Ausgänge Zahlen zugeordnet, die wir mit $y_1, y_2, \ldots, y_n$ bezeichnen. Sie sind die Komponenten des *Ausgangsvektors*

$$\boldsymbol{y} = \begin{bmatrix} y_1 \\ y_2 \\ \vdots \\ y_n \end{bmatrix}. \tag{2.3}$$

Beide Vektoren, also der Eingangs- und der Ausgangsvektor unterliegen den Regeln der Vektoralgebra.

Das Element E läßt sich graphisch folgendermaßen darstellen:

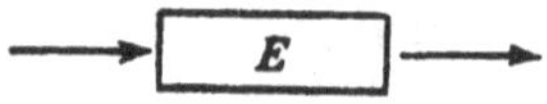

Abb. 1

In dieser Zeichnung sind sowohl der Eingangsvektor auf der linken Seite als auch der Ausgangsvektor auf der rechten Seite als Pfeil eingetragen. Mitunter ist es vorteilhaft, die Komponenten der Vektoren einzeln anzugeben. Um Verwechslungen zu vermeiden, zeichnen wir die Komponenten mit unterbrochenen Linien. Die graphische Darstellung nimmt dann folgende Form an:

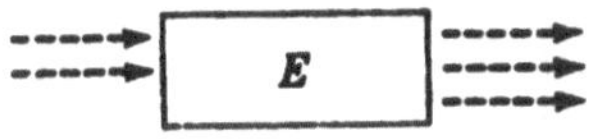

Abb. 2

In Abb. 2 hat der Eingangsvektor zwei und der Ausgangsvektor drei Komponenten.

Die Beziehung zwischen den Eingangs- und den Ausgangszuständen, also die Verhaltensweise des Elementes E läßt sich mathematisch als *Transformation* des Vektors $\boldsymbol{x}$ in den Vektor $\boldsymbol{y}$ darstellen. Symbolisch schreiben wir eine solche Transformation folgendermaßen:

$$\boldsymbol{y} = T(\boldsymbol{x}). \tag{2.4}$$

Die Menge der zulässigen Werte des Vektors $\boldsymbol{x}$ heißt der *Bereich* der Transformation; die Menge der zulässigen Werte des Vektors $\boldsymbol{y}$ heißt *Feld* der Transformation. Das Symbol T heißt *Transformationsoperator*. Dieser Operator gibt die Regel an, nach der der Vektor $\boldsymbol{x}$ in den Vektor $\boldsymbol{y}$ umgewandelt wird.

Diese Regel läßt sich als Matrix darstellen. Zu diesem Zwecke bezeichnen wir mit Δx_j die Veränderung des Wertes der j-ten Komponente des Vektors $\boldsymbol{x}$ und mit Δy_i die Veränderung des Wertes der i-ten Komponente des Vektors $\boldsymbol{y}$. Nehmen wir zunächst an, daß sich die j-te Komponente des Vektors $\boldsymbol{x}$ um den Betrag Δx_j verändert, die restlichen Komponenten dieses Vektors hingegen unverändert bleiben. Auf Grund der Transformation (2.4) gibt es dann eine zugehörige Veränderung Δy_i der i-ten Komponente des Vektors $\boldsymbol{y}$. Der Quotient

$$a_{ij} = \left(\frac{\Delta y_i}{\Delta x_j}\right)_{\Delta x_k = 0 \text{ für } k \neq j} \qquad \begin{pmatrix} i = 1, 2, \ldots, n \\ j = 1, 2, \ldots, m \end{pmatrix} \tag{2.5}$$

ist ein Maß für die partielle Wirkung einer Veränderung der j-ten Komponente des Vektors $\boldsymbol{x}$ auf die i-te Komponente des Vektors $\boldsymbol{y}$. Diesen Quotienten bezeichnen wir als *Koeffizient der partiellen Wirkung*.

Die Koeffizienten der partiellen Wirkungen bilden eine Matrix mit n Zeilen und m Spalten. Bezeichnen wir diese Matrix mit A, so erhalten wir folgendes Matrixschema:

$$A = \begin{bmatrix} a_{11} & a_{12} & \dots & a_{1m} \\ a_{21} & a_{22} & \dots & a_{2m} \\ \dots & \dots & \dots & \dots \\ a_{n1} & a_{n2} & \dots & a_{nm} \end{bmatrix}. \tag{2.6}$$

Diese Matrix bezeichnen wir als *Transformationsmatrix.*

Mit Hilfe dieser Transformationsmatrix läßt sich die Regel der Transformation des Vektors $\boldsymbol{x}$ in den Vektor $\boldsymbol{y}$ in Form eines Gleichungssystems notieren:

$$\left.\begin{aligned} \Delta y_1 &= a_{11}\,\Delta x_1 + a_{12}\,\Delta x_2 + \cdots + a_{1m}\,\Delta x_m, \\ \Delta y_2 &= a_{21}\,\Delta x_1 + a_{22}\,\Delta x_2 + \cdots + a_{2m}\,\Delta x_m, \\ &\dots\dots\dots\dots\dots\dots\dots\dots \\ \Delta y_n &= a_{n1}\,\Delta x_1 + a_{n2}\,\Delta x_2 + \cdots + a_{nm}\,\Delta x_m. \end{aligned}\right\} \tag{2.7}$$

Diese Ausdrücke lassen sich zu einer Vektorgleichung vereinfachen:

$$\Delta \boldsymbol{y} = A\,\Delta \boldsymbol{x}. \tag{2.8}$$

Hier sind $\Delta \boldsymbol{x}$ und $\Delta \boldsymbol{y}$ Vektoren, nämlich $\Delta \boldsymbol{x} = (\Delta x_1, \Delta x_2, \dots, \Delta x_m)$ und $\Delta \boldsymbol{y} = (\Delta y_1, \Delta y_2, \dots, \Delta y_n)$.

Die Transformationsregel, die oben durch den Operator T symbolisiert war, ist hier explizit mit Hilfe derjenigen algebraischen Operationen angegeben, die die jeweilige Transformation ausmachen.

Der Ausdruck der Transformationsregel in Form von Gleichung (2.7) oder (2.8) wird im weiteren Verlauf als *Differenzenform* dieser Regel bezeichnet. Wenn die Koeffizienten der partiellen Wirkung a_{ij} konstant sind[1]), so erhalten wir unmittelbar die *Integralform* der Transformationsregel. Es gilt nämlich:

$$\left.\begin{aligned} y_1 &= a_{11}\,x_1 + a_{12}\,x_2 + \cdots + a_{1m}\,x_m, \\ y_2 &= a_{21}\,x_1 + a_{22}\,x_2 + \cdots + a_{2m}\,x_m, \\ &\dots\dots\dots\dots\dots\dots\dots\dots \\ y_n &= a_{n1}\,x_1 + a_{n2}\,x_2 + \cdots + a_{nm}\,x_m \end{aligned}\right\} \tag{2.9}$$

oder in einfacherer Form:

$$\boldsymbol{y} = A\,\boldsymbol{x}. \tag{2.10}$$

[1]) Im allgemeinen hängen sie sowohl von $\boldsymbol{x}$ als auch von $\Delta \boldsymbol{x}$ ab (Anmerkung der deutschen Reaktion).

Auf den rechten Seiten von (2.9) und (2.10) können willkürliche Konstanten hinzugefügt werden. Der Einfachheit halber nehmen wir an, daß sie gleich Null sind.

Die Differenzenform zeigt die Beziehung zwischen den Veränderungen des Vektors $\boldsymbol{x}$ und den Veränderungen des Vektors $\boldsymbol{y}$. Die Integralform zeigt die Beziehung zwischen den Vektoren $\boldsymbol{x}$ und $\boldsymbol{y}$ selbst. Wenn die Koeffizienten a_{ij} konstant sind und die Integralform der Transformation deshalb die Form von (2.9) oder (2.10) annimmt, so sagen wir, daß die Transformation *linear* ist.

Wenn die Koeffizienten a_{ij} nicht konstant sind, so sind sie Funktionen des Vektors $\boldsymbol{x}$. Die Transformationsmatrix A ist in einem solchen Falle eine Funktionalmatrix. Ist der Vektor $\boldsymbol{x}$ eine kontinuierliche Variable, so sind (2.7) bzw. (2.8) Differentialgleichungen. Die Lösung dieser Differentialgleichungen besteht, wenn überhaupt eine vorhanden ist, aus einem System von Funktionen:

$$\left.\begin{array}{l} y_1 = f_1(x_1, x_2, \ldots, x_m)\,, \\ y_2 = f_2(x_1, x_2, \ldots, x_m)\,, \\ \cdots\cdots\cdots\cdots\cdots \\ y_n = f_n(x_1, x_2, \ldots, x_m) \end{array}\right\} \qquad (2.11)$$

und es gilt

$$a_{ij} = \frac{\partial f_i}{\partial x_j} \quad (i = 1, 2, \ldots, n;\ j = 1, 2, \ldots, m)\,. \qquad (2.12)$$

Das System (2.11) kann in einer einfacheren Form als Vektorfunktion geschrieben werden:

$$\boldsymbol{y} = f(\boldsymbol{x})\,. \qquad (2.13)$$

Die Funktionen (2.11) bzw. (2.13) bilden die Integralform der Regel, die die Transformation des Vektors $\boldsymbol{x}$ in den Vektor $\boldsymbol{y}$ beschreibt. Zu Beziehungen der Form (2.11) bzw. (2.13) gelangt man auch, wenn sich der Vektor $\boldsymbol{x}$ diskret verändert. Die Gleichungen (2.7) bzw. (2.8) sind dann Differenzengleichungen, und die Funktionen (2.11) bzw. (2.13) stellen die Lösungen dieser Gleichungen dar.

Die Transformation (2.4) des Vektors $\boldsymbol{x}$ in den Vektor $\boldsymbol{y}$ versetzt uns in die Lage, die Ausgangszustände des Elementes E

aus seinen Eingangszuständen zu bestimmen. Mitunter ist es möglich, die *inverse Transformation* zu bilden:

$$\boldsymbol{x} = T^{-1}(\boldsymbol{y}) . \tag{2.14}$$

Die inverse Transformation erlaubt Schlüsse aus den Ausgangszuständen des Elementes E auf seine Eingangszustände. Ein Beispiel einer solchen inversen Transformation wäre eine medizinische Diagnose der Krankheitsursachen auf der Grundlage der Symptome, oder auch die Entschlüsselung einer kodierten Mitteilung.

Die inverse Transformation läuft auf die Auflösung der Gleichungen (2.9) bzw. (2.11) hinaus, oder, was dasselbe ist, auf die Lösung der Gleichungen (2.10) bzw. (2.13), und zwar nach dem Vektor $\boldsymbol{x}$, wenn der Wert des Vektors $\boldsymbol{y}$ gegeben ist. Wie wir aus der Algebra wissen, hängt die Möglichkeit einer inversen Transformation von zwei Bedingungen ab. Als erstes muß $n \geqq m$ sein, da andernfalls mehr Unbekannte als Gleichungen vorhanden sind; denn die Komponenten des Vektors $\boldsymbol{x}$ sind die Unbekannten, und von ihnen gibt es m. Mit anderen Worten heißt das, daß die Diversifizierung des Elementes E nicht negativ sein darf, da in einem solchen Falle nicht genug Ausgänge vorhanden sind, um Schlüsse auf die Eingangszustände ziehen zu können. Zweitens muß der Rang der Transformationsmatrix gleich m sein, anders ausgedrückt: genau m partielle Wirkungen der Veränderungen der Eingangszustände müssen linear unabhängig sein.

Ist die inverse Transformation möglich, dann läßt sich die Transformationsregel folgendermaßen schreiben:

$$\boldsymbol{x} = A^{-1}\boldsymbol{y} . \tag{2.15}$$

Diese Regel gilt für die lineare Transformation. Für den allgemeinen Fall gilt:

$$\boldsymbol{x} = f^{-1}(\boldsymbol{y}) . \tag{2.16}$$

Hier ist A^{-1} die Inverse zur Matrix A und $f^{-1}(\boldsymbol{y})$ die inverse Vektorfunktion zur Vektorfunktion $f(\boldsymbol{x})$.

III. Die Kopplung aktiver Elemente

Entsprechend unseren Annahmen 1 und 2 (S. 4) können Elemente nur über ihre Eingänge und Ausgänge miteinander in Wechselwirkung treten. Es seien E_1 und E_2 zwei aktive Elemente, $\boldsymbol{x}^{(1)}$ und $\boldsymbol{x}^{(2)}$ ihre Eingangsvektoren und $\boldsymbol{y}^{(1)}$ und $\boldsymbol{y}^{(2)}$ ihre Ausgangsvektoren. Element E_1 kann auf Element E_2 nur in der Weise einwirken, daß Element E_2 als Eingänge den Zustand einiger oder auch aller Ausgänge von E_1 „empfängt". Element E_2 kann zum Beispiel von Element E_1 die Ausgangszustände Temperatur und Farbe aber nicht Töne empfangen. Mit anderen Worten: nur gewisse Komponenten des Ausgangsvektors $\boldsymbol{y}^{(1)}$ werden zu Komponenten des Eingangsvektors $\boldsymbol{x}^{(2)}$.

Bezeichnen wir die Komponenten des Vektors $\boldsymbol{y}^{(1)}$ mit $y_1^{(1)}$, $y_2^{(1)}, \ldots, y_n^{(1)}$ und diejenigen des Vektors $\boldsymbol{x}_1^{(2)}$ mit $x_1^{(2)}, x_2^{(2)}, \ldots, x_m^{(2)}$, so können wir schreiben:

$$x_j^{(2)} = y_i^{(1)} \tag{3.1}$$

für bestimmte Werte von i und j aus den Werten $i = 1, 2, \ldots,$ n und $j = 1, 2, \ldots, m$. Natürlich muß Gleichung (3.1) mindestens für ein Wertepaar (i, j) erfüllt sein, da es sonst keine Einwirkung von Element E_1 auf Element E_2 geben würde.

Werden nun Komponenten des Ausgangsvektors des Elementes E_1 auf diese Weise umgewandelt zu Komponenten des Eingangsvektors von Element E_2, so sagt man, daß diese beiden Elemente gekoppelt sind.

Die Kopplung des Elementes E_1 mit dem Element E_2 läßt sich graphisch folgendermaßen darstellen (siehe Abb. 3a u. 3b).

Beide Abbildungen zeigen alle Komponenten der jeweiligen Eingangs- und Ausgangsvektoren. In Abb. 3a ist Element E_1

mit Element E_2 über alle Komponenten seines Ausgangsvektors gekoppelt, in Abb. 3b hingegen nur über zwei.

Abb. 3a

Abb. 3b

In der Praxis ist es ziemlich umständlich, die einzelnen Komponenten der Ausgangs- und Eingangsvektoren zu verwenden. Bei einer großen Anzahl von Komponenten wird nämlich die graphische Darstellung der Elementkopplung sehr kompliziert. Die Dinge lassen sich jedoch auf folgende Weise vereinfachen. Wir führen zu diesem Zweck eine quadratische Matrix ein, die wir mit C_{21} bezeichnen; sie besteht aus m bzw. n Zeilen und Spalten, je nachdem, ob $m \geqq n$ bzw. $n \geqq m$ ist. Die Elemente dieser Matrix haben den Wert 1 für alle Paare (i, j), für welche die Gleichung (3.1) erfüllt ist und den Wert 0 für alle anderen Paare (i, j). Ein Element der Matrix hat also dann den Wert 1, wenn die entsprechende Komponente des Vektors $y^{(1)}$ zu einer Komponente des Vektors $x^{(2)}$ wird und den Wert 0, wenn dies nicht der Fall ist. Eine auf diese Weise eingeführte Matrix hat deshalb etwa folgende Form:

$$C_{21} = \begin{bmatrix} 0 & 0 & 0 & \dots & 1 \\ 1 & 0 & 0 & \dots & 0 \\ 0 & 0 & 1 & \dots & 0 \\ \dots & \dots & \dots & \dots & \dots \\ 0 & 1 & 0 & \dots & 0 \end{bmatrix}. \tag{3.2}$$

Es ist eine Matrix, die aus Nullen und Einsen besteht; mindestens ein Element der Matrix hat den Wert 1, aber in jeder Zeile (und Spalte) gibt es höchstens ein Element mit dem Wert 1. Ist $m > n$, dann bestehen $m - n$ Spalten ausschließlich aus Nullen, und wenn $n > m$, so bestehen $n - m$ Zeilen ausschließlich aus Nullen. In diesen Fällen nehmen $m - n$ Eingänge des

Elementes E_2 bzw. $n - m$ Ausgänge des Elementes E_1 nicht an der Kopplung teil. Die Matrix C_{21} bezeichnen wir als *Kopplungsmatrix* des Elementes E_1 mit dem Element E_2.

Mit Hilfe der Kopplungsmatrix läßt sich Gleichung (3.1) auch in folgender Form notieren:

$$x^{(2)} = C_{21}\, y^{(1)}\,, \tag{3.3}$$

das heißt, in Form einer Vektorgleichung.[1]

Graphisch läßt sich die Kopplung von Element E_1 mit Element E_2 folgendermaßen vereinfachen:

Abb. 4

Diese Darstellung enthält nur die Vektoren, nicht aber die einzelnen Komponenten. Der Pfeil, der die Kopplung von Element E_1 mit Element E_2 angibt, steht für die Gleichung (3.3).

Wir gehen nun dazu über, die Kopplung einer größeren Anzahl aktiver Elemente zu betrachten. Die einzelnen Elemente bezeichnen wir mit E_1, E_2, E_3, . . . und ihre Eingangs- und Ausgangsvektoren dementsprechend mit $x^{(1)}$, $x^{(2)}$, $x^{(3)}$, . . . bzw. $y^{(1)}$, $y^{(2)}$, $y^{(3)}$, ...

Wenn Elemente der Reihe nach zu zweit gekoppelt sind, sagen wir, daß eine *Kopplungskette* oder *Kette* vorliegt. Da die Numerierung der Elemente willkürlich ist, kann eine Kette als eine Folge von Vektorgleichungen dargestellt werden:

$$\left.\begin{aligned} x^{(2)} &= C_{21}\, y^{(1)}\,, \\ x^{(3)} &= C_{32}\, y^{(2)}\,, \\ &\cdots\cdots \end{aligned}\right\} \tag{3.4}$$

[1]) Hier hat der Vektor $x^{(2)}$ eine etwas andere Bedeutung als früher. Er umfaßt die an der Kopplung teilnehmenden Eingangszustände von E_2 und soviel Komponenten 0, daß die Gesamtzahl der Komponenten m bzw. n ist. Zur Unterscheidung wird der Vektor später (s. S. 15 und S. 28) auch mit $x_1^{(2)}$ bezeichnet. (Anmerkung der deutschen Redaktion.)

In diesem Ausdruck sind die C_{21}, C_{32} usw. die Kopplungsmatrizen des Elementes E_1 mit E_2, bzw. von Element E_2 mit Element E_3 usw. Eine Vektorgleichung in der Folge der Ausdrücke (3.4) heißt *Glied* in der Kette.

Eine Kopplungskette läßt sich graphisch folgendermaßen darstellen:

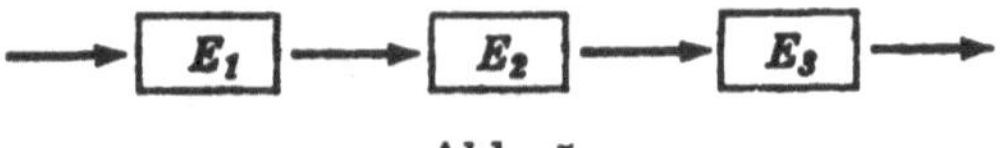

Abb. 5

Wir unterscheiden offene und geschlossene Ketten. In einer geschlossenen Kette gibt es ein aktives Element, das mit einem anderen, in der Kette vor ihm liegenden Element gekoppelt ist. Eine solche Kopplung wird bekanntlich als *Rückkopplung* bezeichnet. Ein Charakteristikum geschlossener Ketten ist also das Vorhandensein einer Rückkopplung unter den Gliedern. Eine Kette ohne Rückkopplung heißt offene Kette.

Da die Numerierung der Elemente willkürlich ist, kann eine geschlossene Kette von Kopplungen in Form von Vektorgleichungen ausgedrückt werden:

$$\left.\begin{aligned} x^{(2)} &= C_{21}\, y^{(1)}\,, \\ x^{(3)} &= C_{32}\, y^{(2)}\,, \\ &\cdots\cdots\cdots \\ x^{(1)} &= C_{1r}\, y^{(r)}\,. \end{aligned}\right\} \qquad (3.5)$$

Die letzte Vektorgleichung stellt in diesem Falle eine Rückkopplung dar, die zwischen dem Element E_r und dem Element E_1 besteht (natürlich nehmen wir an, daß $r > 1$).

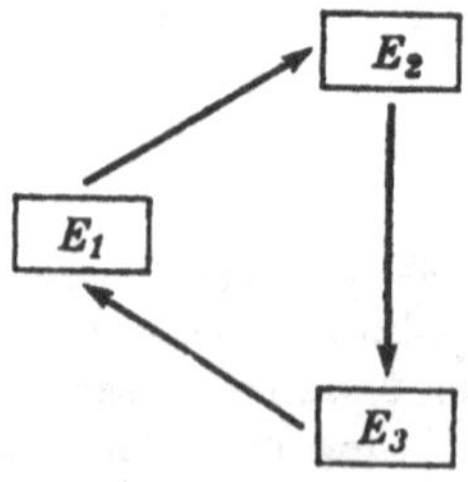

Abb. 6

Graphisch ist eine offene Kette in Abb. 5 dargestellt und eine geschlossene in Abb. 6, wo eine Rückkopplung zwischen Element E_3 und Element E_1 besteht.

Ein aktives Element kann mit mehr als einem anderen aktiven Element gekoppelt sein. Umgekehrt kann auch mehr als ein Element mit einem gegebenen Element gekoppelt sein. Wir sagen dann, daß die Kopplungen eine *Verzweigung* bilden, im ersten Falle haben wir eine *Ausgangsverzweigung* und im zweiten eine *Eingangsverzweigung*.

Abb. 7a zeigt eine Ausgangsverzweigung und Abb. 7b eine Eingangsverzweigung.

Eine Ausgangsverzweigung wird durch folgende Vektorgleichungen ausgedrückt:

$$\left.\begin{aligned} \mathfrak{x}^{(2)} &= C_{21}\,\mathfrak{y}^{(1)}\,, \\ \mathfrak{x}^{(3)} &= C_{31}\,\mathfrak{y}^{(1)}\,, \\ &\ldots\ldots\ldots\ldots \\ \mathfrak{x}^{(q+1)} &= C_{q+1,1}\,\mathfrak{y}^{(1)}\,. \end{aligned}\right\} \tag{3.6}$$

Hier bezeichnet q die Anzahl der Elemente, die mit dem Element E_1 gekoppelt sind.

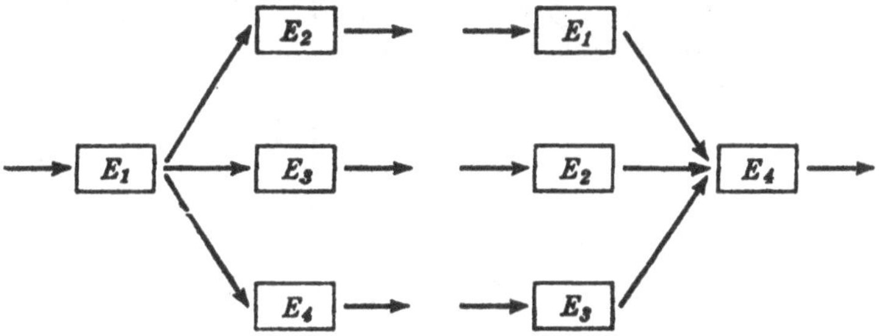

Abb. 7a Abb. 7b

Auf ähnliche Weise läßt sich auch eine Eingangsverzweigung durch Vektorgleichungen ausdrücken:

$$\left.\begin{aligned} \mathfrak{x}_1^{(q+1)} &= C_{q+1,1}\,\mathfrak{y}^{(1)}\,, \\ \mathfrak{x}_2^{(q+1)} &= C_{q+1,2}\,\mathfrak{y}^{(2)}\,, \\ &\ldots\ldots\ldots\ldots \\ \mathfrak{x}_q^{(q+1)} &= C_{q+1,q}\,\mathfrak{y}^{(q)}\,. \end{aligned}\right\} \tag{3.7}$$

Die linke Seite dieser Gleichungen kann aufgefaßt werden als die Bildung der Vektorenkomponenten des zusammengesetzten Vektors $x^{(q+1)} = (x_1^{(q+1)}, x_2^{(q+1)}, \ldots, x_q^{(q+1)})$.

In einem solchen Falle steht q für die Anzahl der Elemente, mit denen das Element E_{q+1} gekoppelt ist.

In einer Menge, die eine größere Anzahl gekoppelter aktiver Elemente enthält, können unterschiedliche Arten von Kopplungen vorkommen: offene und geschlossene Ketten und alle Arten von Verzweigungen. Eine Menge mit unterschiedlichen Arten von Kopplungen heißt *Kopplungsnetz*. Ein Kopplungsnetz kann als eine Menge von Vektorgleichungen des Typs (3.4), (3.5), (3.6) und (3.7) ausgedrückt werden. Sie läßt sich auch graphisch darstellen.

Eine Abbildung eines Kopplungsnetzes zeigt Abb. 8. Hier haben wir es mit einer offenen Kette, bestehend aus den Elementen E_1, E_2 und E_3, einer geschlossenen Kette, bestehend aus den Elementen E_2, E_3 und E_4, einer Ausgangsverzweigung bei Element E_3 und einer Eingangsverzweigung bei Element E_7 zu tun. Schließlich ist noch Element E_8 vorhanden, das aber mit keinem anderen Element der Kette gekoppelt ist. Die gesamte Anordnung gekoppelter und nichtgekoppelter Elemente stellt ein Kopplungsnetz dar.

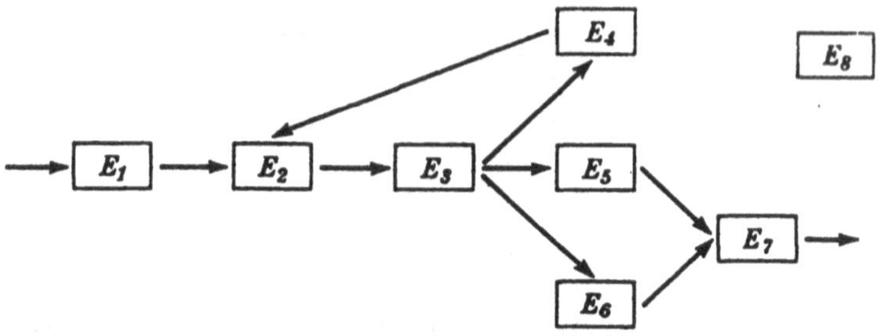

Abb. 8

Kopplungsnetze sind ein Spezialfall von sogenannten Graphen, die allgemeine abstrakte Beziehungen zwischen den Elementen einer Menge darstellen und in einem speziellen

Zweig der Mathematik, der Graphentheorie behandelt werden.[1]) Diese Theorie ist sehr nützlich bei Untersuchungen der Eigenschaften von Netzen in unserem Sinne.

[1]) Die systematische Untersuchung von Graphen wurde von Dénes König eingeleitet. (Theorie der endlichen und unendlichen Graphen, Leipzig 1936.) Von ihm stammt auch der Begriff „Graph". Eine Darstellung des heutigen Standes auf diesem Gebiet gibt Claude Berge in Théorie des graphes et ses applications, Paris 1958.

IV. Das System aktiver Elemente und seine Struktur

Eine Menge gekoppelter aktiver Elemente heißt ein *System aktiver Elemente*, oder kurz ein *System*[1]). Jedes Element eines Systems ist entweder mindestens mit einem anderen Element des Systems gekoppelt oder zumindest ein anderes Element des Systems ist mit dem gegebenen Element gekoppelt. In einem System gibt es also keine isolierten Elemente, das heißt keine Elemente, die nicht mit anderen Elementen dieses Systems gekoppelt sind und mit denen keine anderen Elemente des Systems gekoppelt sind.

Das Netz der Kopplungen zwischen den Elementen eines Systems heißt die *Struktur des Systems*.

Wir nehmen an, ein System enthalte eine endliche Anzahl von Elementen. Wir bezeichnen sie mit N und die einzelnen Elemente mit $E_1, E_2, \ldots, E_N$. Die Eingangs- und Ausgangsvektoren bezeichnen wir mit $\boldsymbol{x}^{(1)}, \boldsymbol{x}^{(2)}, \ldots, \boldsymbol{x}^{(N)}$ bzw. mit $\boldsymbol{y}^{(1)}, \boldsymbol{y}^{(2)}, \ldots, \boldsymbol{y}^{(N)}$.

Wenn ein Element E_r mit dem Element E_s gekoppelt ist, so gilt folgende Vektorgleichung als erfüllt:[2])

$$\boldsymbol{x}^{(s)} = C_{sr}\, \boldsymbol{y}^{(r)} . \tag{4.1}$$

[1]) Allgemein wird mit dem Begriff „System" eine Menge von Elementen zusammen mit einer Menge von Beziehungen zwischen diesen Elementen bezeichnet. Die Menge dieser Beziehungen — und aller ihrer isomorphen Transformationen — heißt die *Struktur* eines Systems. Vgl. dazu Paul Lorenzen, Einführung in die operative Logik und Mathematik Berlin 1955, S. 240—41. In unserem Falle liegt eine Menge aktiver Elemente vor, und die Kopplungen dieser Elemente sind die Beziehungen.

[2]) Vgl. (3.3).

In dieser Gleichung ist C_{sr} die Kopplungsmatrix des Elementes E_r mit dem Element E_s. Wie wir bereits wissen — vgl. (3.2) — ist dies eine quadratische Matrix, die nur aus Nullen und Einsen besteht; sie enthält mindestens ein Element 1 und in jeder Zeile und in jeder Spalte höchstens ein Element 1.

Wir verallgemeinern nun diese Matrix für alle Elemente E_r und E_s, unabhängig davon, ob das Element E_r mit dem Element E_s gekoppelt ist oder nicht. Für den Fall, daß E_r nicht mit E_s gekoppelt ist, müssen wir dann schreiben:

$$C_{sr} = 0 \, . \tag{4.2}$$

In einem solchen Falle definieren wir also die Kopplungsmatrix als eine Nullmatrix (das ist eine Matrix, in der alle Elemente Nullen sind). In dem Falle nun, wenn das aktive Element E_r nicht mit dem aktiven Element E_s gekoppelt ist, nimmt die Vektorgleichung (4.1) folgende Form an:

$$0 = C_{sr} \, \boldsymbol{y}^{(r)} \, . \tag{4.3}$$

Haben wir nun die Kopplungsmatrix C_{sr} auf diese Weise verallgemeinert, so können wir die Vektorgleichung (4.1) für jedes Paar von Elementen E_r und E_s schreiben, unabhängig davon, ob E_r mit E_s gekoppelt ist oder nicht. Wir erhalten dann $N\,(N-1)$ Vektorgleichungen:

$$\boldsymbol{x}^{(s)} = C_{sr} \, \boldsymbol{y}^{(r)} \qquad (r, s = 1, 2, \ldots, N; \; r \neq s) \, . \tag{4.4}$$

Wir nehmen an, daß $r \neq s$ ist, da die Matrix C_{sr} für $r = s$ immer eine Nullmatrix ist. Per definitionem ist jedes aktive Element mit anderen aktiven Elementen gekoppelt. Kein Element ist mit sich selbst gekoppelt.

Die auf diese Weise verallgemeinerten Kopplungsmatrizen bilden zusammen eine quadratische Matrix mit N Zeilen und N Spalten, nämlich:

$$S = \begin{bmatrix} 0 & C_{12} & \ldots & C_{1N} \\ C_{21} & 0 & \ldots & C_{2N} \\ \ldots & \ldots & \ldots & \ldots \\ C_{N1} & C_{N2} & \ldots & 0 \end{bmatrix} . \tag{4.5}$$

Diese Matrix, die wir mit S bezeichnen, heißt die *Strukturmatrix des Systems*, da sie die Struktur des Systems, das heißt das Kopplungsnetz der Elemente dieses Systems darstellt.

Die Strukturmatrix eines Systems besteht nur aus Nullen und Einsen, da alle Kopplungsmatrizen C_{sr}, die in der Strukturmatrix als Untermatrizen fungieren, ebenfalls nur Elemente 0 und 1 haben.

Falls die Kopplungsmatrizen nicht alle von der gleichen Ordnung sind, erweitern wir sie dort, wo es erforderlich ist, am Rande mit Nullen, damit sie in der Strukturmatrix S „zusammenpassen."

Da jedes Element des Systems mit mindestens einem anderen Element gekoppelt ist, oder mindestens ein anderes Element mit dem gegebenen Element gekoppelt ist, so ist die minimale Anzahl der Kopplungen im System $N - 1$. Die Strukturmatrix S enthält deshalb mindestens $N - 1$ Nicht-Null-Matrizen (Untermatrizen) C_{sr}. Es läßt sich weiterhin behaupten, daß diese Nicht-Null-Untermatrizen so angeordnet sind, daß in dem Falle, wenn die r-te Spalte der Strukturmatrix S nur Null-Untermatrizen enthält, die r-te Zeile mindestens eine Nicht-Null-Untermatrix enthalten muß. Denn wenn das Element E_r schon mit keinem anderen Element des Systems gekoppelt ist, so muß es doch ein anderes Element im System geben, das mit diesem Element E_r gekoppelt ist.

Ein Element, das mit keinem anderen Element des Systems gekoppelt ist oder mit dem kein anderes Element des Systems gekoppelt ist, heißt *Randelement* des Systems. Ein Element des Systems, das nicht Randelement ist, heißt *inneres Element* des Systems. Die Menge der Randelemente eines Systems heißt die *Oberfläche* des Systems und die Menge der inneren Elemente heißt das *Innere* des Systems. Zur Veranschaulichung werfen wir noch einmal einen Blick auf Abb. 8. Die aktiven Elemente E_1, E_2, E_3, E_4, E_5, E_6 und E_7 bilden ein System; das isolierte Element E_8 gehört nicht dazu. Die Elemente E_1 und E_7 sind Randelemente des Systems; ihre Menge bildet die Oberfläche des Systems. Die Elemente E_2, E_3, E_4, E_5 und E_6 sind innere Elemente des Systems, ihre Menge bildet das Innere des Systems.

Unter den Randelementen eines Systems unterscheiden wir solche, die nicht mit anderen Elementen des Systems gekoppelt sind, und solche, mit denen keine anderen Elemente des Systems gekoppelt sind. Im erstgenannten Falle sind die Komponenten des Ausgangsvektors nicht Komponenten des Eingangsvektors eines anderen Elements. Wir bezeichnen solche Elemente als *Ausgangsrandelemente*. Im letztgenannten Falle sind die Komponenten des Eingangsvektors nicht Komponenten des Ausgangsvektors eines anderen Elementes. Diese Elemente bezeichnen wir als *Eingangsrandelemente*. In Abb. 8 ist Element E_1 ein Eingangsrandelement und Element E_7 ein Ausgangsrandelement.

Die Eingangsrandelemente und die Ausgangsrandelemente sind aus der Strukturmatrix des Systems zu erkennen. Ist das Element E_r ein Eingangsrandelement, dann enthält die r-te Zeile der Strukturmatrix nur Null-Untermatrizen. Unter Beachtung der verallgemeinerten Definition der Kopplungsmatrix erhalten wir nämlich in einem solchen Falle:

$$C_{r1} = C_{r2} = \ldots = C_{rN} = 0 .$$

Ist andererseits das Element E_r ein Ausgangsrandelement, dann erhalten wir in Übereinstimmung mit der Definition:

$$C_{1r} = C_{2r} = \ldots = C_{Nr} = 0 .$$

In einem solchen Falle besteht also die r-te Spalte der Strukturmatrix nur aus Null-Untermatrizen. Dieser Schluß gilt auch umgekehrt; hat eine Zeile in der Strukturmatrix nur Null-Untermatrizen, so ist das entsprechende Element ein Eingangsrandelement und hat eine Spalte der Strukturmatrix nur Null-Untermatrizen, so handelt es sich um ein Ausgangsrandelement. Daraus folgt, daß die Menge aller Zeilen und Spalten der Strukturmatrix, die nur Null-Untermatrizen aufweisen, die Oberfläche des Systems bildet. Und andererseits entsprechen diejenigen zusammengehörigen Spalten und Zeilen der Strukturmatrix, die mindestens je eine Nicht-Null-Untermatrix enthalten, dem Inneren des Systems. Ein System, das keine Randelemente enthält, also ein System ohne Oberfläche, heißt ein *geschlossenes System*. Aus dem eben Gesagten folgt, daß die Strukturmatrix eines geschlossenen Systems weder Spalten noch Zeilen enthält, die ausschließlich aus Null-Untermatrizen bestehen. Jede Zeile und jede Spalte enthält mindestens eine Nicht-Null-Untermatrix. In einem geschlossenen System gibt es daher mindestens N Kopplungen. Ein System, das Randelemente enthält, soll *offenes System* heißen. Die Strukturmatrix eines offenen Systems enthält also Spalten oder Zeilen (oder auch beides), die ausschließlich aus Null-Untermatrizen bestehen und die in ihrer Gesamtheit die Oberfläche des Systems darstellen.

Die Strukturmatrix eines Systems spiegelt auch andere Eigenschaften der Elementenkopplung des Systems wider. Rückkopplungen werden zum Beispiel ausnahmslos durch Untermatrizen C_{sr} widergespiegelt, die oberhalb der Diagonale der Matrix liegen. Rückkopplungen sind Kopplungen mit einem Element, das in der jeweiligen Kopplungskette vor dem gegebenen Element steht. In den entsprechenden Kopplungsmatrizen C_{sr} ist $s < r$. Das bedingt ihre Lage oberhalb der Diagonale der Matrix.[1])

Ein geschlossenes System muß mindestens eine Rückkopplung aufweisen. Nehmen wir einmal an, es liege ein System ohne Rückkopplung vor. Dann kann die Kopplungsmatrix des Systems auf folgende Form gebracht werden:

$$S = \begin{bmatrix} 0 & 0 \dots 0 \\ C_{21} & 0 \dots 0 \\ \cdot\;\cdot\;\cdot & \cdot\;\cdot\;\cdot\;\cdot \\ C_{N1} & C_{N2} \quad 0 \end{bmatrix}. \tag{4.6}$$

Wie zu sehen ist, gibt es in einem solchen Falle mindestens ein Eingangsrandelement und ein Ausgangsrandelement. Kein Element ist gekoppelt mit Element E_1 und Element E_N ist mit keinem anderen Element gekoppelt. Dieses System kann also kein geschlossenes System sein.

Eine offene Kette wird ausgedrückt durch eine Strukturmatrix des Systems, in der alle Untermatrizen C_{sr} oberhalb der Diagonale null sind; darüber hinaus hat jede Spalte (außer der letzten, die gänzlich aus Null-Untermatrizen besteht) und jede Zeile (außer der ersten, die ebenfalls gänzlich aus Null-Unter-

[1]) Hier wird vorausgesetzt, daß die aktiven Elemente nach den Prinzipien des vorigen Kapitels numeriert werden. (Anmerkung der deutschen Redaktion).

matrizen besteht) genau eine Nicht-Null-Untermatrix C_{sr}. Die Strukturmatrix eines solchen Systems hat also folgende Form:

$$S = \begin{bmatrix} 0 & 0 & \ldots 0 & 0 \\ C_{21} & 0 & \ldots 0 & 0 \\ 0 & C_{32} & \ldots 0 & 0 \\ \ldots & \ldots & \ldots & \ldots \\ 0 & 0 & \ldots 0 & 0 \\ 0 & 0 & \ldots C_{N,N-1} & 0 \end{bmatrix}. \tag{4.7}$$

Ist die Kette geschlossen, dann muß es in der Strukturmatrix (4.7) außerdem oberhalb der Diagonale mindestens eine Nicht-Null-Untermatrix geben.

Wenn eine Spalte der Strukturmatrix eines Systems mehr als eine Nicht-Null-Untermatrix C_{sr} enthält, so weist das auf eine Ausgangsverzweigung hin. Nehmen wir z. B. an, daß die erste Spalte der Strukturmatrix S die Nicht-Null-Untermatrizen C_{21}, C_{31} und C_{41} enthalte, dann ist das Element E_1 mit den Elementen E_2, E_3 und E_4 gekoppelt. Analog können wir feststellen, daß in dem Falle, wenn eine Zeile der Strukturmatrix S mehr als eine Nicht-Null-Untermatrix enthält, eine Eingangsverzweigung vorliegt. In der Strukturmatrix (4.6) gehören zum Beispiel die Nicht-Null-Matrizen C_{N1} und C_{N2} der gleichen Zeile an, folglich sind die Elemente E_1 und E_2 mit dem Element E_N gekoppelt.

Zusammenfassend können wir also sagen, das aus der Strukturmatrix eines Systems verschiedene Eigenschaften des Kopplungsnetzes abgelesen werden können.

V. Systeme höherer Ordnung

Wir betrachten nun zwei Systeme aktiver Elemente, die wir mit U_1 und U_2 bezeichnen. Das System U_1 möge die N_1 Elemente $E_1, E_2, \ldots, E_{N_1}$ und System U_2 die N_2 Elemente $E_{N_1+1}, E_{N_1+2}, \ldots, E_{N_1+N_2}$ enthalten.

Wenn kein Element des Systems U_1 mit irgendeinem Element des Systems U_2 gekoppelt ist und auch kein Element des Systems U_2 mit irgendeinem Element des Systems U_1, so heißen diese beiden Systeme ***unabhängig***. Ist jedoch mindestens ein Element des Systems U_1 mit mindestens einem Element des Systems U_2 gekoppelt, oder mindestens ein Element des Systems U_2 mit mindestens einem Element des Systems U_1, so bilden beide Systeme ein neues System, das wir mit U' bezeichnen. Ein solches System, das dadurch entsteht, daß Elemente von zwei oder mehreren Systemen miteinander gekoppelt werden, heißt ***System zweiter Ordnung***.

Die Strukturmatrix des neuen Systems U', die wir mit S' bezeichnen, hat folgendes Aussehen:

$$S' = \left[\begin{array}{ccc:ccc}
0 & C_{12} & \ldots C_{1N_1} & C_{1,N_1+1} & C_{1,N_1+2} & \ldots C_{1,N_1+N_2} \\
C_{21} & 0 & \ldots C_{2N_1} & C_{2,N_1+1} & C_{2,N_1+2} & \ldots C_{2,N_1+N_2} \\
\cdots & \cdots & \cdots & \cdots & \cdots & \cdots \\
C_{N_1 1} & C_{N_1 2} & \ldots 0 & C_{N_1,N_1+1} & C_{N_1,N_1+2} & \ldots C_{N_1,N_1+N_2} \\
\hdashline
C_{N_1+1,1} & C_{N_1+1,2} & \ldots C_{N_1+1,N_1} & 0 & C_{N_1+1,N_1+2} & \ldots C_{N_1+1,N_1+N_2} \\
C_{N_1+2,2} & C_{N_1+2,2} & \ldots C_{N_1+2,N_1} & C_{N_1+2,N_1+1} & 0 & \ldots C_{N_1+2,N_1+N_2} \\
\cdots & \cdots & \cdots & \cdots & \cdots & \cdots \\
C_{N_1+N_2,1} & C_{N_1+N_2,2} & \ldots C_{N_1+N_2,N_1} & C_{N_1+N_2,N_1+1} & C_{N_1+N_2,N_1+2} & \ldots 0
\end{array}\right] \tag{5.1}$$

Wie aus (5.1) leicht zu sehen ist besteht die Strukturmatrix S' aus 4 Untermatrizen, die ihrerseits wiederum aus den Untermatrizen C_{sr} bestehen, die die Kopplung der Elemente im System U' ausweisen. Bezeichnen wir diese 4 Untermatrizen mit S_{11}, S_{12}, S_{21} und S_{22}, so können wir die Strukturmatrix S' in folgender Form schreiben:

$$S' = \begin{bmatrix} S_{11} & S_{12} \\ S_{21} & S_{22} \end{bmatrix}. \tag{5.2}$$

Die Untermatrix S_{11} ist die Strukturmatrix des Systems U_1 und die Untermatrix S_{22} ist die Strukturmatrix des Systems U_2. Die Untermatrix S_{21} enthält die Kopplungen von Elementen des Systems U_1 mit Elementen des Systems U_2, und die Untermatrix S_{12} enthält die Kopplungen von Elementen des Systems U_2 mit Elementen des Systems U_1, oder anders ausgedrückt, die Rückkopplungen von Elementen dieser beiden Systeme.

Aus der Strukturmatrix S' lassen sich die Eigenschaften des Systems zweiter Ordnung U' ablesen. Zunächst ist zu sagen, daß S_{12} und S_{21} nicht gleichzeitig Nullmatrizen sein können. Wir würden sonst erhalten:

$$S' = \begin{bmatrix} S_{11} & 0 \\ 0 & S_{22} \end{bmatrix}. \tag{5.3}$$

Aber das würde bedeuten, daß kein Element des Systems U_1 mit einem Element des Systems U_2 gekoppelt ist und kein Element des Systems U_2 mit einem Element des Systems U_1. In einem solchen Falle wären aber die Systeme U_1 und U_2 unabhängig. Ist S_{21} keine Nullmatrix aber S_{12} eine solche, dann sind Elemente des Systems U_1 mit Elementen des Systems U_2 gekoppelt, aber kein Element des Systems U_2 ist mit irgendeinem Element des Systems U_1 gekoppelt. Das Umgekehrte gilt, wenn $S_{12} \neq 0$ und $S_{21} = 0$. Im ersten Falle sagen wir, daß das System U_1 einseitig auf das System U_2 und im zweiten Falle, daß das System U_2 einseitig auf das System U_1 einwirkt.

Schließlich gilt, daß S_{22} keine Nullmatrix sein kann, wenn U' wirklich ein System zweiter Ordnung sein soll, das aus den Systemen U_1 und U_2 besteht. Wäre S_{22} eine Nullmatrix, so würde das bedeuten, daß eigentlich nur das System U_1 existiert.

Wären dabei S_{12} und S_{21} keine Nullmatrizen, so würde das bedeuten, daß das System U_1 durch die Einbeziehung zusätzlicher Elemente $E_{N_1+1}, E_{N_1+2}, \ldots, E_{N_1+N_2}$ *erweitert* wurde. Aber diese Elemente waren nicht untereinander gekoppelt, oder anders ausgedrückt, sie könnten kein System bilden. Die Kopplung der Elemente $E_{N_1+1}, E_{N_1+2}, \ldots, E_{N_1+N_2}$ wird durch die Tatsache ausgedrückt, daß $S_{22} \neq 0$.

Ein System zweiter Ordnung kann auch entstehen, wenn eine größere Anzahl von Systemen gekoppelt wird. Haben wir zum Beispiel die drei Systeme U_1, U_2 und U_3, so können wir sie, indem wir ihre Elemente koppeln, zu einem neuen System U' machen. Dieses neue System hat dann die Strukturmatrix:

$$S' = \begin{bmatrix} S_{11} & S_{12} & S_{13} \\ S_{21} & S_{22} & S_{23} \\ S_{31} & S_{32} & S_{33} \end{bmatrix}. \qquad (5.4)$$

In dieser Strukturmatrix sind die Untermatrizen S_{11}, S_{22} und S_{33} die Strukturmatrizen der Systeme U_1, U_2 und U_3. Die restlichen Untermatrizen stellen die Kopplung dieser drei Systeme dar. Offensichtlich können nicht alle Untermatrizen, die sich nicht auf der Diagonale befinden, gleichzeitig Null sein. In einem solchen Falle wären nämlich U_1, U_2 und U_3 unabhängige Systeme und U' kein neues System.

Koppeln wir die Elemente zweier oder mehrerer Systeme zweiter Ordnung, so erhalten wir ein System dritter Ordnung. Seine Strukturmatrix bezeichnen wir mit S''. Besteht zum Beispiel ein System dritter Ordnung U'' aus zwei Systemen zweiter Ordnung, so läßt sich seine Strukturmatrix in folgender Form darstellen:

$$S'' = \begin{bmatrix} S'_{11} & S'_{12} \\ S'_{21} & S'_{22} \end{bmatrix}. \qquad (5.5)$$

Hier sind die Untermatrizen S'_{11} und S'_{22} die Strukturmatrizen der Systeme U'_1 und U'_2, die Untermatrix S'_{21} stellt die Kopplung von Elementen des Systems U'_1 mit Elementen des Systems U'_2 dar, und die Untermatrix S'_{12} die Kopplung von Elementen des Systems U'_2 mit Elementen des Systems U'_1.

Ersetzen wir in (5.5) die Untermatrizen durch Ausdrücke vom Typ (5.2), so erhalten wir eine Strukturmatrix S'', die aus

16 Untermatrizen des Typs S_{ij} $(i, j = 1, 2, 3, 4)$ besteht. Auf diese Weise läßt sich ein System U'' dritter Ordnung, das aus zwei Systemen zweiter Ordnung besteht, als ein System zweiter Ordnung darstellen, das aus vier Systemen erster Ordnung besteht.

Allgemein gilt folgendes: Bezeichnet k_r die Anzahl von Systemen $(r - 1)$-ter Ordnung, die ein System r-ter Ordnung bilden, dann kann ein System q-ter Ordnung dargestellt werden als ein System zweiter Ordnung, das aus $k_1, k_2, \ldots, k_q$ Systemen erster Ordnung besteht.

VI. Die Verhaltensweise eines Systems

In einem System, mit N aktiven Elementen genügen die Eingänge und Ausgänge dieser Elemente $N\,(N-1)$ Vektorgleichungen (4.4), nämlich

$$x_r^{(s)} = C_{sr}\, y^{(r)} \quad (r, s = 1, 2, \ldots, N;\, r \neq s)\,. \tag{6.1}$$

Diese Gleichungen stellen die Kopplungen der Elemente dar. Der Index r auf der linken Seite der Gleichung gibt an, daß $x_r^{(s)}$ der Zustand von Eingängen von E_s ist, der sich aus der Kopplung mit E_r ergibt.

Jedes Element besitzt eine bestimmte Verhaltensweise, die sich mathematisch durch die Transformation (2.4) ausdrücken läßt. Bezeichnen wir mit T_r die Transformation, die die Verhaltensweise des Elementes E_r ausdrückt, so haben wir N solcher Transformationen:

$$y^{(r)} = T_r(x^{(r)}) \quad (r = 1, 2, \ldots, N)\,. \tag{6.2}$$

Setzen wir die Transformationen (6.2) in die Vektorgleichungen ein, so erhalten wir:

$$x_r^{(s)} = C_{sr}\, T_r(x^{(r)}) \quad (r, s = 1, 2, \ldots, N;\, r \neq s)\,. \tag{6.3}$$

Das ist eine Menge von $N\,(N-1)$ Transformationen. Setzen wir

$$R_{sr} = C_{sr}\, T_r\,, \tag{6.4}$$

so können wir die Transformationen folgendermaßen schreiben:

$$x_r^{(s)} = R_{sr}(x^{(r)}) \quad (r, s = 1, 2, \ldots, N;\, r \neq s)\,. \tag{6.5}$$

Unterziehen wir die Vektorgleichungen (6.1) den Transformationen (6.2), so erhalten wir:

$$T_s(x_r^{(s)}) = T_s\, C_{sr}(y^{(r)})\,,$$

und folglich

$$y_r^{(s)} = T_s\, C_{sr}\,(y^{(r)}) \quad (r, s = 1, 2, \ldots, N;\, r \neq s)\,. \qquad (6.6)$$

Somit erhalten wir wiederum eine Menge von $N\,(N-1)$ Transformationen. Setzen wir

$$P_{sr} = T_s\, C_{sr}\,, \qquad (6.7)$$

so lassen sich diese Transformationen in folgender Form schreiben:

$$y_r^{(s)} = P_{sr}(y^{(r)}) \quad (r, s = 1, 2, \ldots, N;\, r \neq s)\,. \qquad (6.8)$$

Die Transformationen (6.5) ordnen gegebenen Anfangswerten der Eingangsvektoren der Systemelemente neue Werte zu. Das gleiche geschieht für die Ausgangsvektoren der Systemelemente durch die Transformationen (6.8). Die Mengen der Transformationen (6.5) und (6.8) drücken, wie wir sagen, die *Verhaltensweise des Systems* aus. Diese Transformationen geben an, auf welche Weise eine Menge gegebener Eingangs- und Ausgangszustände der Elemente des Systems in eine neue Menge von Eingangs- und Ausgangszuständen transformiert wird. Um einen Ausdruck von Karl Marx zu verwenden, kann man sagen, daß die beiden Mengen der Transformationen „das innere Gesetz der Bewegung dieses Systems" zum Ausdruck bringen.[1])

Wir führen nun den Vektor der Eingangszustände des Systems als einen zusammengesetzten Vektor ein, dessen Komponenten die Eingangsvektoren derjenigen Elemente sind, die zum System gehören. Bezeichnen wir diesen Vektor mit X, so erhalten wir:

$$X = \begin{bmatrix} x^{(1)} \\ x^{(2)} \\ \vdots \\ x^{(N)} \end{bmatrix}. \qquad (6.9)$$

[1]) Ungenau zitiert aus Kapital Bd. I von Karl Marx (vgl. Vorwort zur ersten Auflage und Nachwort zur zweiten Auflage).

Auf analoge Weise führen wir einen zusammengesetzten Vektor der Ausgangszustände des Systems ein. Wir bezeichnen diesen Vektor mit $\boldsymbol{Y}$ und schreiben:

$$\boldsymbol{Y} = \begin{bmatrix} \boldsymbol{y}^{(1)} \\ \boldsymbol{y}^{(2)} \\ \vdots \\ \boldsymbol{y}^{(N)} \end{bmatrix}. \tag{6.10}$$

Diese zusammengesetzten Vektoren sind folgenden Quasi-Diagonalmatrizen[1]) äquivalent:

$$X = \begin{bmatrix} \boldsymbol{x}^{(1)} & 0 & \ldots & 0 \\ 0 & \boldsymbol{x}^{(2)} & \ldots & 0 \\ \cdot & \cdot & \cdot & \cdot \\ 0 & 0 & \ldots & \boldsymbol{x}^{(N)} \end{bmatrix} \tag{6.9a}$$

und

$$Y = \begin{bmatrix} \boldsymbol{y}^{(1)} & 0 & \ldots & 0 \\ 0 & \boldsymbol{y}^{(2)} & \ldots & 0 \\ \cdot & \cdot & \cdot & \cdot \\ 0 & 0 & \ldots & \boldsymbol{y}^{(N)} \end{bmatrix}. \tag{6.10a}$$

Bezeichnen wir mit m_r die Anzahl der Eingänge und mit n_r die Anzahl der Ausgänge des Elements $\boldsymbol{E}_r$ ($r = 1, 2, \ldots, N$), so finden wir daß die Matrix X genau N Spalten und $\sum_{r=1}^{N} m_r$ Zeilen hat, die Matrix Y hingegen N Spalten und $\sum_{r=1}^{N} n_r$ Zeilen. Je nach Bedarf lassen sich X und Y entweder als zusammengesetzte Vektoren (6.9) bzw. (6.10) oder als Quasi-Diagonalmatrizen (6.9a) bzw. (6.10a) auffassen.

[1]) Eine Quasi-Diagonalmatrix ist eine Matrix, in der von Null verschiedene Untermatrizen bzw. Vektoren nur längs der Hauptdiagonale liegen, während alle anderen Elemente gleich Null sind. Eine Definition der Quasi-Diagonalmatrix ist enthalten in V. I. Smirnow, Kurs der Höheren Mathematik, Bd. III, Teil I.

Die Menge der Transformationen (6.5) ist gleichbedeutend mit folgender Matrizengleichung:

$$\begin{bmatrix} 0 & \boldsymbol{x}_2^{(1)} & \dots & \boldsymbol{x}_N^{(1)} \\ \boldsymbol{x}_1^{(2)} & 0 & \dots & \boldsymbol{x}_N^{(2)} \\ \cdot & \cdot & \cdot & \cdot \\ \boldsymbol{x}_{(1)}^{N} & \boldsymbol{x}_{(2)}^{N} & \dots & 0 \end{bmatrix} = \begin{bmatrix} 0 & R_{12}(\boldsymbol{x}^{(2)}) & \dots & R_{1N}(\boldsymbol{x}^{(N)}) \\ R_{21}(\boldsymbol{x}^{(1)}) & 0 & \dots & R_{2N}(\boldsymbol{x}^{(N)}) \\ \cdot & \cdot & \cdot & \cdot \\ R_{N1}(\boldsymbol{x}^{(1)}) & R_{N2}(\boldsymbol{x}^{(2)}) & \dots & 0 \end{bmatrix}. \tag{6.11}$$

Analog entspricht die Menge der Transformationen (6.8) der Matrizengleichung:

$$\begin{bmatrix} 0 & \boldsymbol{y}_2^{(1)} & \dots & \boldsymbol{y}_N^{(1)} \\ \boldsymbol{y}_1^{(2)} & 0 & \dots & \boldsymbol{y}_N^{(2)} \\ \cdot & \cdot & \cdot & \cdot \\ \boldsymbol{y}_1^{(N)} & \boldsymbol{y}_2^{(N)} & \dots & 0 \end{bmatrix} = \begin{bmatrix} 0 & P_{12}(\boldsymbol{y}^{(2)}) & \dots & P_{1N}(\boldsymbol{y}^{(N)}) \\ P_{21}(\boldsymbol{y}^{(1)}) & 0 & \dots & P_{2N}(\boldsymbol{y}^{(N)}) \\ \cdot & \cdot & \cdot & \cdot \\ P_{N1}(\boldsymbol{y}^{(1)}) & P_{N2}(\boldsymbol{y}^{(2)}) & \dots & 0 \end{bmatrix}. \tag{6.12}$$

Die Zeilen auf der linken Seite von (6.11) sind zusammengesetzte Vektoren, die den neuen Zustand der Eingänge ausweisen, wie er sich aus der Kopplung der Elemente ergibt. Analog weisen die Zeilen auf der linken Seite von (6.12) den neuen Zustand der Ausgänge aus, wie er sich aus der Kopplung der Elemente ergibt. Bezeichnen wir diese Zeilen mit $\bar{\boldsymbol{x}}^{(1)}$, $\bar{\boldsymbol{x}}^{(2)}, \dots, \bar{\boldsymbol{x}}^{(N)}$ bzw. mit $\bar{\boldsymbol{y}}^{(1)}$, $\bar{\boldsymbol{y}}^{(2)}, \dots, \bar{\boldsymbol{y}}^{(N)}$, so lassen sich die linken Seiten von (6.11) und (6.12) als zusammengesetzte Vektoren schreiben:

$$\boldsymbol{X}' = \begin{bmatrix} \bar{\boldsymbol{x}}^{(1)} \\ \bar{\boldsymbol{x}}^{(2)} \\ \vdots \\ \bar{\boldsymbol{x}}^{(N)} \end{bmatrix}$$

und

$$\boldsymbol{Y}' = \begin{bmatrix} \bar{\boldsymbol{y}}^{(1)} \\ \boldsymbol{y}^{(2)} \\ \vdots \\ \bar{\boldsymbol{y}}^{(N)} \end{bmatrix}.$$

Auf diese Weise können wir die Matrizengleichung (6.11) oder die äquivalente Menge von Transformationen (6.5) symbolisch in folgender Form schreiben:

$$X' = R(X)\,. \tag{6.13}$$

Die Matrizengleichung (6.12) oder die äquivalente Menge von Transformationen (6.8) schreiben wir analog:

$$Y' = P(Y)\,. \tag{6.14}$$

In diesen Ausdrücken sind R und P die Transformationsoperatoren, $\boldsymbol{X}$ und $\boldsymbol{Y}$ stellen den Anfangszustand der Eingänge und der Ausgänge aller Elemente des Systems dar, und $\boldsymbol{X}'$ und $\boldsymbol{Y}'$ den neuen Zustand der Eingänge und der Ausgänge nach der Transformation.

Es genügt, entweder die Transformation (6.13) oder die Transformation (6.14) allein zu betrachten. Denn aus den Vektorgleichungen (6.1) erhalten wir die Matrizengleichung:

$$\begin{bmatrix} 0 & \boldsymbol{x}_2^{(1)} & \ldots & \boldsymbol{x}_N^{(1)} \\ \boldsymbol{x}_1^{(2)} & 0 & \ldots & \boldsymbol{x}_N^{(2)} \\ \cdots & \cdots & \cdots & \cdots \\ \boldsymbol{x}_1^{(N)} & \boldsymbol{x}_2^{(N)} & \ldots & 0 \end{bmatrix} = \begin{bmatrix} 0 & C_{12}\,\boldsymbol{y}^{(1)} & \ldots & C_{1N}\,\boldsymbol{y}^{(N)} \\ C_{21}\,\boldsymbol{y}^{(2)} & 0 & \ldots & C_{2N}\,\boldsymbol{y}^{(N)} \\ \cdots & \cdots & \cdots & \cdots \\ C_{N1}\,\boldsymbol{y}^{(1)} & C_{N2}\,\boldsymbol{y}^{(2)} & \ldots & 0 \end{bmatrix}. \tag{6.15}$$

Die rechte Seite dieser Gleichung kann in der Form $S\,Y$ geschrieben werden, wo Y die Quasi-Diagonalmatrix (6.10a) ist, die dem zusammengesetzten Vektor (6.10) entspricht und S die Strukturmatrix des Systems:

$$S = \begin{bmatrix} 0 & C_{12} & \ldots & C_{1N} \\ C_{21} & 0 & \ldots & C_{2N} \\ \cdots & \cdots & \cdots & \cdots \\ C_{N1} & C_{N2} & \ldots & 0 \end{bmatrix}. \tag{6.16}$$

Die linke Seite der oben angeführten Matrizengleichung ist äquivalent mit dem zusammengesetzten Vektor $\boldsymbol{X}'$. Wir bezeichnen die entsprechende Matrix mit X' und erhalten:

$$X' = S\,Y\,. \tag{6.17}$$

Die Transformation (6.13) und (6.14) stehen deshalb in einem engen Zusammenhang. Die Operation R und P können symbolisch als Matrix derjenigen Operatoren dargestellt werden, die in den Transformationen (6.5) und (6.8) auftreten. Wir setzen:

$$R = \begin{bmatrix} 0 & R_{12} & \dots & R_{1N} \\ R_{21} & 0 & \dots & R_{2N} \\ \cdot & \cdot & \cdot & \cdot \\ R_{N1} & R_{N2} & \dots & 0 \end{bmatrix} \qquad (6.18)$$

und

$$P = \begin{bmatrix} 0 & P_{12} & \dots & P_{1N} \\ P_{21} & 0 & \dots & P_{2N} \\ \cdot & \cdot & \cdot & \cdot \\ P_{N1} & P_{N2} & \dots & 0 \end{bmatrix}. \qquad (6.19)$$

Mit T bezeichnen wir die Diagonalmatrix

$$T = \begin{bmatrix} T_1 & 0 & \dots & 0 \\ 0 & T_2 & \dots & 0 \\ \cdot & \cdot & \cdot & \cdot \\ 0 & 0 & \dots & T_N \end{bmatrix}. \qquad (6.20)$$

Die Nicht-Null-Elemente dieser Matrix bilden die Transformationsoperatoren, die den einzelnen Elementen des Systems entsprechen. Diese Matrix bezeichnen wir als die Matrix der *Verhaltensweisen der Elemente.*

Berücksichtigen wir (6.4) und (6.7), so können die Operatoren R und P als Produkte dargestellt werden, nämlich:

$$R = S\,T \qquad (6.21)$$

und

$$P = T\,S\,, \qquad (6.22)$$

wo S die Strukturmatrix (6.16) des Systems ist. (Man vergleiche auch (4.5) weiter oben).

Somit zeigt sich, daß die Verhaltensweise des Systems, mathematisch durch die Transformationen (6.11) und (6.12) ausgedrückt, auch in folgender Form dargestellt werden kann:

$$X' = S\,T\,(X)\,, \qquad (6.23)$$

$$Y' = T\,S\,(Y)\,. \qquad (6.24)$$

Wie wir also sehen, hängt die Verhaltensweise des Systems sowohl von der Matrix T der Verhaltensweisen der Elemente als auch von der Strukturmatrix S des Systems ab. Um also die Verhaltensweise des Systems bestimmen zu können, reicht es nicht aus, die Verhaltensweisen der Elemente zu kennen, die durch die Matrix T ausgedrückt werden, sondern man muß außerdem die Strukturmatrix S des Systems kennen, die das Netz der Kopplungsnetze der Elemente repräsentiert.

Ein System aktiver Elemente besitzt also eine eigene, spezifische Verhaltensweise, ein „Bewegungsgesetz", das aus der Transformation der Eingangs- und Ausgangszustände der Elemente besteht. Diese Verhaltensweise ist eine Eigenschaft des Systems *als Ganzes*, denn sie hängt nicht nur von den Verhaltensweisen der einzelnen Elemente sondern auch von der Struktur des Systems ab, das heißt vom Kopplungsnetz der Elemente. Das kommt mathematisch in (6.23) und (6.24) zum Ausdruck. Aber gerade die Struktur, die durch die Matrix S ausgedrückt wird, verleiht dem System die Qualität einer Ganzheit. Die gleichen Elemente mit den gleichen individuellen Verhaltensweisen, aber anders gekoppelt, bilden ein anderes System mit anderer Verhaltensweise des Systems. Oder mathematisch ausgedrückt: Bei gleichbleibender Matrix T der Verhaltensweisen der Elemente erhalten wir eine andere Verhaltensweise des Systems, wenn eine andere Strukturmatrix S vorliegt. Ein Unterschied in der Struktur zieht einen Unterschied in der Verhaltensweise des Systems nach sich.

Weiterhin kann bewiesen werden, daß Systeme höherer Ordnung neue Eigenschaften aufweisen, nämlich ihre eigene Verhaltensweise, die nicht nur von den Verhaltensweisen ihrer Systeme erster Ordnung abhängen. Die Verhaltensweise eines Systems höherer Ordnung hängt auch von seiner Struktur ab, das heißt von der Art und Weise, in der die verschiedenen Systeme erster Ordnung untereinander gekoppelt sind. Das kommt in den Matrizen S_{12} und S_{21} von (5.2) und in den entsprechenden Matrizen von (5.4) zum Ausdruck.

Damit haben wir die Frage der Ganzheiten mit eigenen Verhaltensweisen, die sich nicht einfach aus den Verhaltensweisen der einzelnen Elemente herleiten lassen, geklärt. Solche Ganzheiten sind einfach Mengen gekoppelter aktiver Elemente, mit anderen Worten, es sind Systeme. Ihre Verhaltensweise ist das kombinierte Resultat aus den Verhaltensweisen der einzelnen Elemente und der Struktur des Systems, das heißt der Struktur des Kopplungsnetzes zwischen den Elementen, die das System bilden.

VII. Der Entwicklungsprozeß eines Systems

Wir führen nun ausdrücklich die Annahme ein, daß das Verhalten der Elemente eines Systems in der Zeit abläuft. Es verstreicht eine gewisse Zeit zwischen der Veränderung der Eingangszustände eines Elements und der Veränderung seiner Ausgangszustände. Wir bezeichnen diese als *Reaktionszeit.*[1])

Die Auswirkung der Veränderung der Eingangszustände kann plötzlich oder allmählich eintreten. Im ersten Falle tritt eine gewisse Zeit nach der Veränderung des Eingangszustandes eine einmalige Veränderung des Ausgangszustandes ein. Zehn Minuten nach dem Anzünden der Kocherflamme beginnt zum Beispiel das Wasser im Teekessel zu kochen. Im zweiten Falle verteilen sich die Veränderungen im Ausgangszustand über ein gewisses Zeitintervall, nachdem die diskret oder kontinuierlich verlaufende Veränderung des Eingangszustandes eingesetzt hat. Ist die Kocherflamme einmal angezündet, so steigt zum Beispiel die Temperatur des Wassers im Teekessel allmählich an, bis sie nach zehn Minuten den Siedepunkt erreicht (kontinuierlicher Prozeß); oder ein anderes Beispiel: nach der Reizung eines Nervs, zieht sich der zugehörige Muskel zwei Minuten lang in Sekundenabständen zusammen (diskreter Prozeß). Bei einem plötzlichen Prozeß wird die Reaktionszeit durch eine einzelne (positive) reelle Zahl angegeben, in unserem Beispiel 10 Minuten. Bei einem allmählichen diskreten Prozeß ist eine Folge von reellen Zahlen erforderlich (z. B. 1, 2, . . ., 10 sec), um die Reaktionszeit anzugeben, und handelt es sich schließlich um einen allmählichen kontinuierlichen Prozeß, so wird ein kontinuierliches Intervall reeller Zahlen benötigt, um die Reaktionszeit

[1]) Vgl. Greniewski, Cybernetics without Mathematics, S. 17.

angeben zu können, zum Beispiel das Intervall von 0 bis 10 sec.

Der zeitliche Ablauf muß nun bei den Transformationen, die das Verhalten der Elemente eines Systems mathematisch beschreiben, berücksichtigt werden. Zu diesem Zwecke legen wir die Zustände der Eingänge und der Ausgänge eines jedes Elements zeitlich fest. Wir bezeichnen mit

$$x_t^{(r)} = (x_{1t}^{(r)}, x_{2t}^{(r)}, \ldots, x_{m_r t}^{(r)})^\mathrm{T} \tag{7.1}$$

den Spaltenvektor, der die Eingangszustände des Elements E_r zum Zeitpunkte t bezeichnet.[1]) Ist der Prozeß plötzlich, so bestimmt dieser die Ausgangszustände des Elements nach den Reaktionszeiten $\Theta_1^{(r)}, \Theta_2^{(r)}, \ldots, \Theta_{n_r}^{(r)}$, die den verschiedenen Ausgängen entsprechen.[2]) Die Ausgangszustände werden dann durch folgende Vektor ausgedrückt:

$$y_{t+\Theta^{(r)}}^{(r)} = (y_{1,t+\Theta_1^{(r)}}^{(r)}, y_{2,t+\Theta_2^{(r)}}^{(r)}, \ldots, y_{n_r,t+\Theta_{n_r}^{(r)}})^\mathrm{T}. \tag{7.2}$$

Wie aus dieser Gleichung zu sehen ist, beziehen sich die einzelnen Komponenten des Vektors auf verschiedene Zeitpunkte $t + \Theta_1^{(r)}, t + \Theta_2^{(r)}, \ldots, t + \Theta_{n_r}^{(r)}$. In speziellen Fällen können einige dieser Zeitpunkte, oder gar alle, gleich sein; zum Beispiel kann $\Theta_1^{(r)} = \Theta_2^{(r)}$ sein usw.

Die Transformationen nehmen infolgedessen (6.2) folgende Form an:

$$y_{t+\Theta^{(r)}}^{(r)} = T_r(x_t^{(r)}) \quad (r = 1, 2, \ldots, N). \tag{7.3}$$

Angesichts dieser Tatsache lauten die Transformationen (6.5), die das „Bewegungsgesetz" des Systems, das heißt seine Verhaltensweise ausdrücken, folgendermaßen:

$$x_{r,t+\Theta^{(r)}}^{(s)} = R_{sr}(x_t^{(r)}) \quad (r, s = 1, 2, \ldots, N; r \neq s). \tag{7.4}$$

[1]) T bezeichnet die Transposition; sie verwandelt einen Zeilen- in einen Spaltenvektor.

[2]) Die Reaktionszeiten $\Theta_1^{(r)}, \Theta_2^{(r)}, \ldots, \Theta_{n_r}^{(r)}$ der einzelnen Komponenten des Vektors $y_{t+\Theta^{(r)}}^{(r)}$ sind im Hinblick auf den gesamten Vektor $x_t^{(r)}$ definiert und nicht im Hinblick auf seine einzelnen Komponenten. Der obere Index (r) ist erforderlich, um angeben zu können, auf welches Element des Systems sich die Reaktionszeit erstreckt.

Die Menge dieser Transformationen läßt sich als eine Transformation des zusammengesetzten Vektors der Eingangszustände aller Elemente des Systems schreiben:

$$\boldsymbol{X}_{t+\Theta} = R(\boldsymbol{X}_t) \tag{7.5}$$

bzw.

$$\boldsymbol{X}_{t+\Theta} = S\,T(\boldsymbol{X}_t)\,. \tag{7.6}$$

Diese Ausdrücke entsprechen den Formeln (6.13) bzw. (6.14) des vorhergehenden Kapitels. Die zusammengesetzten Vektoren $\boldsymbol{X}_t$ und $\boldsymbol{X}_{t+\Theta}$ bestehen hier aus den Komponenten $x_{it}^{(r)}$ und $x_{i,t+\Theta^{(r)}}^{(r)}$, wo $r = 1, 2, \ldots, N$ und $i = 1, 2, \ldots, m$, das heißt aus den Komponenten der Eingangsvektoren aller Elemente des Systems.

In ähnlicher Weise nehmen die Transformationen (6.8) nun folgende Form an:

$$\boldsymbol{y}_{r,t+\Theta^{(s)}}^{(s)} = \boldsymbol{P}_{sr}(\boldsymbol{y}_t^{(r)}) \quad (r, s = 1, 2, \ldots, N;\ r \neq s)\,. \tag{7.7}$$

Schreiben wir sie als eine Transformation des zusammengesetzten Vektors der Ausgangszustände aller Elemente des Systems, so erhalten wir:

$$\boldsymbol{Y}_{t+\Theta} = P(\boldsymbol{Y}_t) \tag{7.8}$$

bzw.

$$\boldsymbol{Y}_{t+\Theta} = T\,S(\boldsymbol{Y}_t) \tag{7.9}$$

was den Formeln (6.13) bzw. (6.14) des vorigen Kapitels entspricht. Die zusammengesetzten Vektoren $\boldsymbol{Y}_t$ und $\boldsymbol{Y}_{t+\Theta}$ bestehen aus den Komponenten $y_{it}^{(r)}$ und $y_{i,t+\Theta_i^{(s)}}^{(s)}$.

Auf diese Weise wird das „Bewegungsgesetz“ nun mathematisch als vektorielle Differenzengleichung ausgedrückt. Diese Gleichung stellt die Beziehungen her, die zwischen den Eingangs-(bzw. Ausgangs-)zuständen der Systemelemente zu einem bestimmten Zeitpunkt und den Eingangs- (bzw. Ausgangs-)zuständen zu späteren Zeitpunkten $t + \Theta_i^{(r)}$ (bzw. $t + \Theta_i^{(s)}$), also nach Ablauf der verschiedenen Reaktionszeiten bestehen. Das „Bewegungsgesetz“ des Systems verwandelt sich deshalb in ein Gesetz, das die Veränderungen in den Eingangs-(bzw. Ausgangs-)zuständen definiert, die im Verlaufe der Zeit stattfinden. Die Verhaltensweise eines Systems wird also zu einem Prozeß der zeitlichen *Systementwicklung*.

Dieser Prozeß der zeitlichen Systementwicklung, weiterhin kürzer als Prozeß der Systementwicklung bezeichnet, ergibt sich als Lösung der oben angegebenen Differenzengleichung. Die Lösung kann durch Iteration erhalten werden. Bezeichnen wir den Anfangszeitpunkt mit $t = 0$ und wenden hier (7.5) mehrmals hintereinander an, so erhalten wir:

$$X_\Theta = R(X_0)\,, \quad X_{2\Theta} = R^2(X_0)\,, \ldots, . \qquad \text{usw.}$$

Im allgemeinen erhalten wir also:

$$X_{k\,\Theta} = R^k(X_0) \quad (k \text{ ist eine ganze Zahl})\,. \tag{7.10}$$

R^k steht hier für eine k-malige Wiederholung der Operation R.

Bei dieser Substitution muß angenommen werden, daß der Prozeß jedes Mal völlig zu Ende geführt wird, das heißt, daß die volle Aktionszeit gleich der längsten Reaktionszeit $\Theta_i^{(r)}$ ist. Denn erst wenn diese Zeit verstrichen ist, ist der Zustand aller Ausgänge vollständig determiniert, der dann wiederum durch die Kopplung der Elemente die neuen Werte des zusammengesetzten Vektors der Eingänge der Systemelemente bestimmt. Wir nehmen deshalb

$$\Theta = \max \Theta_i^{(r)} \tag{7.11}$$

an.[1])

Auf ähnliche Weise erhalten wir durch sukzessive Substitutionen in (7.8) den Ausdruck:

$$Y_{k\Theta} = P^k(Y_0)\,, \tag{7.12}$$

wo $\Theta = \max \Theta_i^{(e)}$.

Sind also alle Eingangs- bzw. Ausgangszustände der Elemente eines Systems für den Anfangszeitpunkt $t = 0$ gegeben, so ist es möglich, den Zustand dieser Eingänge und Ausgänge für die Zeitpunkte $t = k\,\Theta$ zu bestimmen, die einem Vielfachen der längsten Reaktionszeit entsprechen. Mit anderen Worten heißt das, daß der Zustand des Systems zu einem gegebenen Anfangszeitpunkt den Zustand zu allen späteren Zeitpunkten

[1]) Die Voraussetzung, daß die Reaktionszeiten verschieden sein können, führt zu äußerst komplizierten Beziehungen. Im allgemeinen genügt (7.11) nicht, um (7.10) abzuleiten (Anmerkung der deutschen Redaktion).

bestimmt, die ein Vielfaches der längsten Reaktionszeit darstellen.

Die Differenzengleichungen (7.5) bzw. (7.8) sollen das *zeitliche Bewegungsgesetz des Systems* heißen. Die Lösung dieser Gleichung, nämlich die Ausdrücke (7.10) bzw. (7.12) sollen das *Entwicklungsgesetz des Systems* heißen.

Das zeitliche Bewegungsgesetz des Systems und das Entwicklungsgesetz des Systems hatten wir für einen plötzlichen Prozeß abgeleitet. Bei einem allmählichen Prozeß haben diese beiden Gesetze eine ähnliche aber etwas kompliziertere mathematische Form.

Läuft ein Prozeß allmählich in der Zeit ab, so verursacht eine Veränderung des Zustandes des Eingangsvektors im Zeitpunkt t eine allmähliche Veränderung im Ausgangsvektor zu späteren Zeitpunkten. Zu jedem Zeitpunkt $t + \tau$ hat der Ausgangsvektor einen bestimmten Wert, der nicht nur vom Wert des Eingangsvektors zum Zeitpunkt t, sondern auch von der Dauer von τ, abhängt. So hängt zum Beispiel die Temperatur des Wassers im Teekessel nicht nur von der Temperatur des Brenners ab, der im Zeitpunkt t angezündet wurde, sondern auch davon, wie lange der Brenner schon brennt. Somit können wir schreiben:

$$y_{t+\tau}^{(r)} = T_r(x_t^{(r)}, \tau) .$$

In diesem Ausdruck ist τ nicht länger als die längste Reaktionszeit, da nach Ablauf dieser Zeit im Ausgangsvektor keine Veränderungen mehr erfolgen. Wir geben das folgendermaßen an:

$$0 \leqq \tau \leqq \max \Theta_i^{(r)} .$$

Ändern wir den Anfangspunkt der Zeitzählung, das heißt, schreiben wir t anstelle von $t + \tau$ und $t - \tau$ anstelle von t, so erhalten wir:

$$y_t^{(r)} = T_r(x_{t-\tau}^{(r)}, \tau) . \tag{7.13}$$

Der Wert des Ausgangsvektors im Zeitpunkt t hängt vom Wert des Eingangsvektors im Zeitpunkt $t - \tau$ und von der Länge der Zeit τ ab.

Da es sich aber um einen allmählichen Prozeß handelt, hängt der Wert des Ausgangsvektors im Zeitpunkt t vom Wert des

Eingangsvektors nicht nur im Zeitpunkt $t - \tau$ ab, sondern von den Werten aller Zeitpunkte, die im Intervall $[t, t - \Theta]$ liegen. Die allmählichen Wirkungen aus dem Verhalten der Eingangszustände summieren sich und ihre Summe bestimmt den Zustand der Ausgänge zum Zeitpunkt t. Als Ergebnis dessen haben wir:

$$y_t^{(r)} = \sum_{\tau=0}^{\Theta} T_r(x_{t-\tau}^{(r)}, \tau), \tag{7.14a}$$

wo wir der Kürze halber $\Theta = \max \Theta_i^{(r)}$ schreiben.

Verläuft der Gesamtprozeß diskret, dann nimmt τ eine endliche Anzahl von Werten an, die den aufeinanderfolgenden „Zeitsprüngen" des Verlaufs entsprechen. Liegt hingegen ein kontinuierlicher Verlauf vor, dann nimmt τ alle Werte im kontinuierlichen Zeitintervall $[0, \Theta]$ an, und die rechte Seite der Gleichung (7.14) wird zu einem Integral:

$$y_t^{(r)} = \int_0^{\Theta} T_r(x_{t-\tau}^{(r)}, \tau)\, d\tau. \tag{7.14b}$$

Setzen wir die Ausdrücke (7.14a) und (7.14b) in (6.1) ein, so erhalten wir folgende Formeln der Transformationen:

$$x_{r,t}^{(s)} = C_{sr} \sum_{\tau=0}^{\Theta} T_r(x_{t-\tau}^{(r)}, \tau) \tag{7.15a}$$

bzw.

$$x_{r,t}^{(s)} = C_{sr} \int_0^{\Theta} T\,(x_{t-\tau}^{(r)}, \tau)\, d\tau. \tag{7.15b}$$

Unter Berücksichtigung von (6.4) erhalten wir daraus:

$$x_{r,t}^{(s)} = \sum_{\tau=0}^{\Theta} R_{sr}(x_{t-\tau}^{(r)}, \tau) \tag{7.16a}$$

bzw.

$$x_{r,t}^{(s)} = \int_0^{\Theta} R_{sr}(x_{t-\tau}^{(r)}, \tau)\, d\tau, \tag{7.16b}$$

wo $r, s = 1, 2, \ldots, N$ und $r \neq s$.

Die Menge dieser Transformationen läßt sich als Transformation des zusammengesetzten Vektors der Eingangszustände des Systems darstellen:

$$X_t = \sum_{\tau=0}^{\Theta} R(X_{t-\tau}, \tau) \tag{7.17a}$$

bzw.

$$X_t = \int_0^{\Theta} R(X_{t-\tau}, \tau)\, d\tau. \qquad (7.17\text{b})$$

Der Vektor X_t besteht aus den Komponenten $x_{it}^{(s)}$ und der Vektor $X_{t-\tau}$ aus den Komponenten $x_{i,t-\tau}^{(r)}$, wo $r, s = 1, 2, \ldots, N$ und $i = 1, 2, \ldots, m_r$. Das Symbol Θ bezeichnet den größten Wert von $\Theta_i^{(r)}$.

Die erste dieser Vektortransformationen bezieht sich auf einen allmählichen diskreten Prozeß. Sie stellt eine vektorielle Differenzengleichung höherer Ordnung dar. Die zweite Vektortransformation bezieht sich auf einen allmählichen kontinuierlichen Prozeß und hat die Form einer vektoriellen Integralgleichung.

Auf gleiche Weise erhalten wir noch folgende vektorielle Differenzen- bzw. Integralgleichung:

$$Y_t = \sum_{\tau=0}^{\Theta} P(Y_{t-\tau}, \tau) \qquad (7.18\text{a})$$

bzw.

$$Y_t = \int_0^{\Theta} P(Y_{t-\tau}, \tau)\, d\tau. \qquad (7.18\text{b})$$

Wegen (6.17) sind diese Gleichungen den Gleichungen (7.17a) und (7.17b) äquivalent.

Die oben angeführten Gleichungen drücken das zeitliche Bewegungsgesetz des Systems aus. Die Lösung dieser Gleichungen ergibt vektorielle Funktionen der Zeit X_t bzw. Y_t, die die zeitliche Entwicklung der Eingangs- und Ausgangszustände des Systems bestimmen. Diese Funktionen repräsentieren das Entwicklungsgesetz des Systems. Im Falle eines diskreten Prozesses hängt das Aussehen dieser Funktionen, also die zeitliche Entwicklung des Systems, von ihren Werten ab, oder anders ausgedrückt, von den Eingangs- und Ausgangszuständen, die in einer gewissen endlichen Anzahl von Anfangszeitpunkten im Zeitintervall $[0, \Theta]$ geherrscht haben. Bei einem kontinuierlichen Prozeß hängen diese Werte von allen Werten dieser Funktionen im kontinuierlichen Anfangszeitintervall $[0, \Theta]$ ab. Zusammenfassend läßt sich also folgendes sagen: Sind die Zustände eines Systems für die Anfangszeitpunkte oder für das Anfangszeitintervall gegeben, so ist die gesamte weitere Entwicklung des Systems determiniert.

VIII. Gleichgewicht und Stabilität
Selbst-Regelung

Besondere Beachtung verdient der Fall, wenn sowohl X_t als auch Y_t konstant sind, das heißt, wenn der Zustand des Systems sich zeitlich nicht verändert. Wir sagen dann, das System befindet sich in einem *Gleichgewichtszustand*[1]). Bei einem Gleichgewichtszustand sind die Eingangs- und Ausgangszustände eines Systems zeitlich invariant. Ist ein System im Gleichgewichtszustand, so nehmen die Gleichungen (7.17), die das Bewegungsgesetz des Systems ausdrücken, folgende Form an:[2])

$$X = \sum_{\tau=0}^{\Theta} R(X, \tau) \tag{8.1a}$$

bzw.

$$X = \int_{0}^{\Theta} R(X, \tau)\, d\tau\,. \tag{8.1b}$$

Für einen plötzlichen Prozeß wird diese Formel, wie leicht aus (7.5) zu ersehen ist, noch einfacher:

$$X = R(X). \tag{8.1c}$$

Eine ähnliche Form nimmt die äquivalente Gleichung (7.18) bzw. (7.8) an.

Wir sehen also, daß bei Gleichgewicht das zeitliche Bewegungsgesetz des Systems zu einer gewöhnlichen Vektorglei-

[1]) Ein gewisser Analogiefall zum Gleichgewichtszustand liegt dann vor, wenn X_t bzw. Y_t periodische Funktionen mit konstanter Amplitude sind. Der Zustand eines solchen Systems ist zwar nicht zeitlich invariant, aber er wiederholt sich in bestimmten zeitlichen Intervällen. Solch eine Situation kann als *zyklisches Gleichgewicht* beschrieben werden. In gleichbleibenden Zeitabständen kehrt das System zum gleichen Zustand zurück.

[2]) Da X_t = const., wird der Index t überflüssig.

chung wird, die wir als *Gleichgewichtsgleichung* bezeichnen. Ein Vektor, der eine Lösung dieser Gleichung darstellt, bestimmt einen Gleichgewichtszustand des Systems. Eine Bedingung für die Möglichkeit eines Gleichgewichtszustandes eines Systems ist deshalb die Existenz eines Vektors, der der Gleichung (8.1) genügt. Dazu muß die Transformation R in Gleichung (8.1) bestimmte Eigenschaften aufweisen, die bewirken, daß für mindestens einen Vektor X die rechte Seite der Gleichung (8.1) gleich X ist.

Da in (8.1a) und (8.1b) die Variable τ durch Summierung oder Integrierung eliminiert wird, ist die rechte Seite des Ausdruckes einzig und allein eine Funktion des Vektors X. Wir bezeichnen sie mit $F(X)$. Somit lassen sich die Gleichungen (8.1) in folgender Form schreiben:[1])

$$X = F(X). \tag{8.2}$$

Diese Gleichung läßt sich geometrisch folgendermaßen deuten: Der Vektor X hat $\sum_{r=1}^{N} m_r$ Komponenten. Das geometrische Abbild der rechten Seite dieser Gleichung, das heißt der Funktion $F(X)$, ist deshalb eine Schar von $\left(\sum_{r=1}^{N} m_r\right)$-dimensionalen Hyperflächen, das geometrische Abbild der linken Seite dieser Gleichung ist eine Schar von $\left(\sum_{r=1}^{N} m_r\right)$-dimensionalen Hyperebenen, die in einem Winkel von 45° gegen die Koordinatenebenen geneigt sind. Die Schnittpunkte oder Berührungen beider Scharen bestimmen die Lösung (oder die Lösungen) der Gleichung. Symbolisch läßt sich das eben Gesagte anhand eines zweidimensionalen Diagramms darstellen. (Siehe Abb. 9).

In diesem Diagramm stellt OA die Lösung der Gleichung dar. Um für die Gleichung (8.2) oder die ihr identische Gleichung (8.1) eine Lösung finden zu können, muß die Kurve, die die Funktion $F(X)$ darstellt, gemeinsame Punkte mit der 45°-Geraden haben. Sie muß diese entweder schneiden oder berühren.

Eine analoge geometrische Interpretation ergibt sich für die Gleichgewichtsgleichung $Y = F(Y)$.

[1]) Um die Einheitlichkeit der Schreibweise zu wahren, läßt sich auch (8.1c) in dieser Form schreiben.

Es können also nicht alle Systeme einen Zustand des Gleichgewichts aufweisen. Das ist nur bei solchen Systemen möglich, in denen die Transformation R (oder P), die die Verhaltensweise des Systems ausdrückt, durch besondere Eigenschaften die Lösbarkeit der Gleichgewichtsgleichung garantiert.

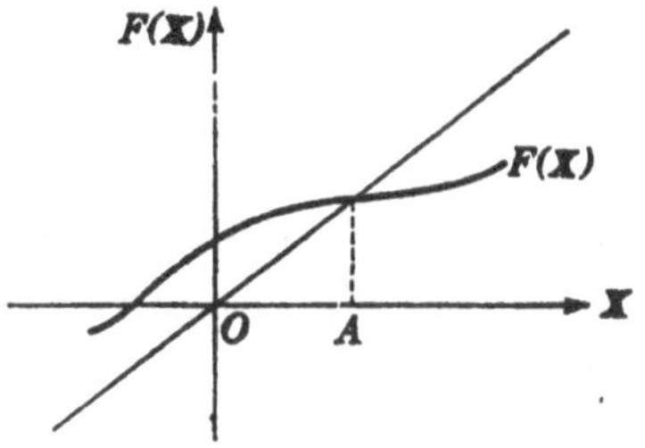

Abb. 9

Kann das System einen Gleichgewichtszustand haben, so bleibt es in diesem Gleichgewichtszustand, wenn die Eingangs- und Ausgangszustände seiner Elemente so beschaffen sind, daß der entsprechende Vektor $\boldsymbol{X}$, bzw. $\boldsymbol{Y}$, eine Lösung der Gleichgewichtsgleichung darstellt. Mit anderen Eingangs- und Ausgangszuständen befindet sich das System nicht im Gleichgewichtszustand. Sein Zustand verändert sich mit der Zeit. Die Veränderung kann jedoch zu einem Gleichgewichtszustand streben. In diesem Falle nennen wir das System *stabil*. Ein stabiles System strebt, selbst wenn es sich anfänglich nicht in einem Gleichgewichtszustand befindet, mit der Zeit zum Gleichgewicht.

Der mathematische Ausdruck für die Stabilität eines Systems ist

$$\lim_{t \to \infty} \boldsymbol{X}_t = \hat{\boldsymbol{X}} \tag{8.3}$$

oder

$$\lim_{t \to \infty} \boldsymbol{Y}_t = \hat{\boldsymbol{Y}}, \tag{8.4}$$

$\hat{\boldsymbol{X}}$ und $\hat{\boldsymbol{Y}}$ sind hier Lösungen der Gleichgewichtsgleichungen. Da bekanntlich die Form der Vektorfunktionen der Zeit $\boldsymbol{X}_t$ und $\boldsymbol{Y}_t$ vom Werte dieser Funktionen in gewissen, oder auch allen Zeitpunkten des Anfangszeitintervalles $[0, \Theta]$ abhängen, können die in (8.3) und (8.4) ausgedrückten Bedingungen für gewisse Anfangswerte dieser Funktion erfüllt werden, für andere aber nicht. Die Menge der Anfangswerte, für die diese Bedingungen erfüllt sind, heißt *Stabilitätsbereich* eines Systems. Ein System kann in einem Bereich der Anfangswerte seiner Zustände stabil sein, in einem anderen Bereich aber nicht. Durch

$$\Delta \boldsymbol{X}_t = \boldsymbol{X}_t - \hat{\boldsymbol{X}}_t \tag{8.5}$$

und

$$\Delta \boldsymbol{Y}_t = \boldsymbol{Y}_t - \hat{\boldsymbol{Y}}_t \tag{8.6}$$

bezeichnen wir die Abweichungen der Eingangs- und Ausgangszustände der Elemente eines Systems von den entsprechenden Gleichgewichtszuständen. Die Stabilität eines Systems läßt sich dann auf folgende Weise ausdrücken:

$$\lim_{t \to \infty} \Delta \boldsymbol{X}_t = 0 \tag{8.7}$$

und

$$\lim_{t \to \infty} \Delta \boldsymbol{Y}_t = 0. \tag{8.8}$$

Es sei $\Delta \boldsymbol{X}_t$ eine geringfügige Abweichung vom Gleichgewichtszustand. Weiterhin nehmen wir an, daß die Transformationen $R_{s r}$, die weiter oben in (6.4) definiert wurden, erste Ableitungen in bezug auf die Komponenten der Vektoren $\boldsymbol{x}_t^{(r)}$ ($r = 1, 2, \ldots, N$) besitzen.[1]) Dann erhalten wir aus dem zeitlichen Bewegungsgesetz des Systems (7.5) bzw. (7.7) folgende Ausdrücke. Für einen plötzlichen Prozeß:

$$\Delta \boldsymbol{X}_{t+\Theta} = \left[\frac{\partial R}{\partial \boldsymbol{X}_t}\right]_{X_t = \hat{X}} \Delta \boldsymbol{X}_t\,; \tag{8.9a}$$

für einen allmählichen Prozeß:

$$\Delta \boldsymbol{X}_t = \sum_{\tau=0}^{\Theta} \left[\frac{\partial R(\tau)}{\partial \boldsymbol{X}_{t-\tau}}\right]_{X_{t-\tau} = \hat{X}} \Delta \boldsymbol{X}_{t-\tau} \tag{8.9b}$$

bzw.

$$\Delta \boldsymbol{X}_t = \int_0^{\Theta} \left[\frac{\partial R(\tau)}{\partial \boldsymbol{X}_{t-\tau}}\right]_{X_{t-\tau} = \hat{X}} \Delta \boldsymbol{X}_{t-\tau}\, d\tau. \tag{8.9c}$$

[1]) Unsere Argumentation könnte auch auf nicht differenzierbare Transformationen ausgedehnt werden, ihre Darstellung würde dann aber komplizierter werden. Deshalb beschränken wir uns hier auf differenzierbare Transformationen.

Die Symbole

$$\left[\frac{\partial R}{\partial \boldsymbol{X}_t}\right]_{X_t=\hat{X}} \quad \text{oder} \quad \left[\frac{\partial R(\tau)}{\partial \boldsymbol{X}_{t-\tau}}\right]_{X_{t-\tau}=\hat{X}}$$

bezeichnen Jacobische Funktionalmatrizen, deren Elemente Werte annehmen, die dem Gleichgewichtszustand entsprechen.

Deshalb gilt:

$$\left[\frac{\partial R}{\partial \boldsymbol{X}_t}\right]_{X_t=\hat{X}} = \left[\frac{\partial R_{sr}}{\partial \boldsymbol{x}_t^{(r)}}\right]_{x_t^{(r)}=\hat{x}^{(r)}} \tag{8.10a}$$

und

$$\left[\frac{\partial R(\tau)}{\partial \boldsymbol{X}_{t-\tau}}\right]_{X_{t-\tau}=\hat{X}} = \left[\frac{\partial R_{sr}(\tau)}{\partial \boldsymbol{x}_{t-\tau}^{(r)}}\right]_{x_{t-\tau}^{(r)}=\hat{x}^{(r)}} . \tag{8.10b}$$

Hierin ist $\hat{\boldsymbol{x}}^{(r)}$ der Wert des Vektors $\boldsymbol{x}_t^{(r)}$, wenn sich das System im Gleichgewichtszustand befindet. Wie zu sehen ist, sind die Elemente der Matrix (8.10a) konstant, während die Elemente der Matrix (8.10b) Funktionen des Parameters τ sind.[1])

[1]) Wenn der zusammengesetzte Vektor $\Delta \boldsymbol{X}_t$ als Quasidiagonal-Matrix aufgefaßt wird, und zwar entsprechend Formel (6.9a), so erhalten unter Berücksichtigung von (6.11) folgende Matrizengleichung:

$$\begin{bmatrix} 0 & \Delta \boldsymbol{x}_{2\,t+\Theta}^{(1)} & \dots & \Delta \boldsymbol{x}_{N\,t+\Theta}^{(1)} \\ \Delta \boldsymbol{x}_{1\,t+\Theta}^{(2)} & 0 & \dots & \Delta \boldsymbol{x}_{N\,t+\Theta}^{(2)} \\ \cdot & \cdot & \cdot & \cdot \\ \Delta \boldsymbol{x}_{1\,t+\Theta}^{(N)} & \Delta \boldsymbol{x}_{2\,t+\Theta}^{(N)} & \dots & 0 \end{bmatrix}$$

$$= \begin{bmatrix} 0 & \frac{\partial R_{12}}{\partial \boldsymbol{x}_t^{(2)}} \Delta \boldsymbol{x}_t^{(2)} & \dots & \frac{\partial R_{1\,N}}{\partial \boldsymbol{x}_t^{(N)}} \Delta \boldsymbol{x}_t^{(N)} \\ \frac{\partial R_{21}}{\partial \boldsymbol{x}_t^{(1)}} \Delta \boldsymbol{x}_t^{(1)} & 0 & \dots & \frac{\partial R_{2\,N}}{\partial \boldsymbol{x}_t^{(N)}} \Delta \boldsymbol{x}_t^{(N)} \\ \cdot & \cdot & \cdot & \cdot \\ \frac{\partial R_{N\,1}}{\partial \boldsymbol{x}_t^{(1)}} \Delta \boldsymbol{x}_t^{(1)} & \frac{\partial R_{N\,2}}{\partial \boldsymbol{x}_t^{(2)}} \Delta \boldsymbol{x}_t^{(2)} & \dots & 0 \end{bmatrix}.$$

Die linke Seite dieser Gleichung ist äquivalent dem zusammengesetzten Vektor $\Delta X_{t+\Theta}$. So ergibt sich (8.9a). Analog erhalten wir die Vektorgleichungen (8.9b) bzw. (8.9c).

Die Ausdrücke (8.9a) und (8.9b) sind vektorielle Differenzengleichungen, und der Ausdruck (8.9c) ist eine vektorielle Integralgleichung. Die Lösung dieser Gleichungen ergibt eine Funktion der Zeit ΔX_t, die das zeitliche Verhalten der Abweichung vom Gleichgewichtszustand des Systems darstellt.

Bekanntlich ist die Lösung eine Funktion des Typs[1]):

$$\Delta X_t = \sum_j K_j \lambda_j^t . \tag{8.11}$$

In diesem Ausdruck sind die K_j konstante Vektoren und die λ_j die Wurzeln der charakteristischen Gleichung der Differenzen oder der Integralgleichung. Zum Zeitpunkt $t = 0$ haben wir

$$\Delta X_0 = \sum K_j ; \tag{8.12}$$

das heißt, daß der Ausdruck $\sum_j K_j$ die Abweichungen der Eingangszustände von den Gleichgewichtszuständen im Anfangszeitpunkt angibt. Im Falle der Integralgleichung (8.9c) ist $\lambda_j \geqq 0$, so daß wir $\lambda_j = e_j^\varkappa$ schreiben können, und

$$\Delta X_t = \sum_j K_j e^{\varkappa_j t} . \tag{8.13}$$

Das System ist stabil, wenn

$$\sum_{t \to \infty} \Delta X_t = \lim_{t \to \infty} \sum_j K_j \lambda_j^t = 0 . \tag{8.14}$$

Das erfordert aber, daß $|\lambda_j| < 1$ (oder im Falle der Integralgleichung, daß $\varkappa_j < 0$) für alle j. Ist die Wurzel λ_j eine reelle Zahl, so ist die Bedeutung dieser Bedingung klar. Ist λ_j eine komplexe Zahl, dann schreiben wir:

$$\lambda_j = \alpha_j + \beta_j i = \varrho_j (\cos \omega_j + i \sin \omega_j)$$

und dann ist

$$|\lambda_j| = \varrho_j = \sqrt{\alpha_j^2 + \beta_j^2} . \tag{8.15}$$

Das entsprechende Element der Summe (8.11) hat dann die Form

$$K_j \varrho_j^t (\cos \omega_j t + i \sin \omega_j t) . \tag{8.16}$$

[1]) Ist λ_j eine mehrfache Wurzel, dann tritt anstelle von K_j in ΔX_t ein Polynom auf, dessen Grad um eins geringer ist als die Vielfalt der Wurzel λ_j. Das beeinträchtigt unsere weiteren Schlußfolgerungen nicht.

Hieraus ist ersichtlich, daß die Stabilitätsbedingung des Systems $\varrho_j < 1$ ist.

Um die Stabilitätsbedingungen eines Systems zu untersuchen, muß man also die charakteristische Gleichung der Gleichungen (8.9) prüfen und die Natur ihrer Wurzeln bestimmen. Die charakterische Gleichung erhält man, indem man in den Gleichungen (8.9) für $\Delta \boldsymbol{X}_t$ den Ausdruck $\boldsymbol{K} \lambda^t$ einsetzt.

Für die Differenzengleichung (8.9a) erhalten wir dann:

$$\boldsymbol{K} \lambda^{t+\Theta} = \left[\frac{\partial \boldsymbol{R}}{\partial \boldsymbol{X}_t}\right]_{\boldsymbol{X}_t = \hat{\boldsymbol{X}}} \boldsymbol{K} \lambda^t .$$

Dieser Ausdruck kann für einen Nicht-Null-Vektor $\boldsymbol{K}$ nur dann befriedigt werden, wenn die Determinante

$$\left| \left[\frac{\partial \boldsymbol{R}}{\partial \boldsymbol{X}_t}\right]_{\boldsymbol{X}_t = \hat{\boldsymbol{X}}} \lambda^{-\Theta} - I \right| = 0 . \qquad (8.17\text{a})$$

I ist hier die Einheits-Matrix. Das ist die charakteristische Gleichung der Differenzengleichung (8.9a).

Auf ähnliche Weise finden wir für die Differenzengleichung (8.9b):

$$\boldsymbol{K} \lambda^t = \sum_{\tau=0}^{\Theta} \left[\frac{\partial \boldsymbol{R}(\tau)}{\partial \boldsymbol{X}_{t-\tau}}\right]_{\boldsymbol{X}_{t-\tau} = \hat{\boldsymbol{X}}} \boldsymbol{K} \lambda^{t-\tau} .$$

Daraus erhalten wir die charakterische Gleichung

$$\left| \sum_{\tau=0}^{\Theta} \left[\frac{\partial \boldsymbol{R}(\tau)}{\partial \boldsymbol{X}_{t-\tau}}\right]_{\boldsymbol{X}_{t-\tau} = \hat{\boldsymbol{X}}} \lambda^{-\tau} - I \right| = 0 . \qquad (8.17\text{b})$$

Für die Integralgleichung (8.9c) erhalten wir:

$$\boldsymbol{K} \lambda^t = \int_0^{\Theta} \left[\frac{\partial \boldsymbol{R}(\tau)}{\partial \boldsymbol{X}_{t-\tau}}\right]_{\boldsymbol{X}_{t-\tau} = \hat{\boldsymbol{X}}} \boldsymbol{K} \lambda^{t-\tau} \, d\tau ;$$

und hieraus ergibt sich als charakteristische Gleichung:

$$\left| \int_0^{\Theta} \left[\frac{\partial \boldsymbol{R}(\tau)}{\partial \boldsymbol{X}_{t-\tau}}\right]_{\boldsymbol{X}_{t-\tau} = \hat{\boldsymbol{X}}} \lambda^{-\tau} \, d\tau - I \right| = 0 . \qquad (8.17\text{c})$$

Aus der charakteristischen Gleichung ergibt sich, daß für die Befriedigung der Stabilitätsbedingung $|\lambda_j| < 1$ das System mindestens eine Rückkopplung besitzen muß. Außerdem müssen die Rückkopplungen im System gewisse spezifische Eigenschaften aufweisen.

Wie wir wissen, sind die Transformationen nur für $s \neq r$ definiert; denn laut Definition ist kein Element des Systems mit sich selbst gekoppelt. Aus diesem Grunde sind in der Matrix R der Transformationsoperatoren die Diagonalelemente Null (vgl. (6.15) weiter oben). Infolgedessen sind auch die abgeleiteten Ausdrücke $\partial R_{rs}/\partial x^{(r)}$, die in der Diagonale der Matrix (8.10) auftreten, gleich Null. Das gilt für alle Systeme. Falls jedoch ein System keine Rückkopplung enthält, dann sind, wie sich aus (6.4) und (4.6), (8.10) ergibt, auch alle Elemente der Matrix, die oberhalb der Diagonalen liegen, gleich Null. Hat ein System keine Rückkopplungen, so nimmt die Matrix (8.10a) folgende Form an:

$$\left[\frac{\partial R}{\partial X_t}\right]_{X_t=\hat{X}} = \begin{bmatrix} & 0 & 0 & 0 \dots 0 \\ & & 0 & 0 \dots 0 \\ & & & 0 \dots 0 \\ & & & \dots \\ \text{Nicht-Null-Elemente} & & & 0 \end{bmatrix}. \qquad (8.18)$$

Die gleiche Form haben auch alle Hauptminoren dieser Matrix. Dasselbe gilt auch für die Matrix (8.10b).

Multipliziert man die charakteristische Gleichung (8.17) mit λ^N, so erhält man auf der linken Seite eine Determinante, in der alle Elemente auf der Diagonalen gleich $-\lambda$ sind. Besitzt das System keine Rückkopplungen, so hat die Determinate oberhalb der Diagonale nur Nullen; ihr Wert ist deshalb $(-\lambda)^N$. Die charakteristische Gleichung reduziert sich dann auf:

$$(-\lambda)^N = 0.$$

Daraus erhalten wir

$$\lambda = 0. \qquad (8.19)$$

In diesem Falle ergibt sich (vgl. (8.12) weiter oben) folgendes:

$$\Delta X_0 = \sum_j K_j 0^0.$$

Die K_j sind also unbestimmt. Deshalb ist auch der Ausdruck

$$\Delta X_t = \sum_j K_j \lambda_j^t,$$

das heißt die Funktion, die das zeitliche Verhalten der Abweichung vom Gleichgewichtszustand beschreibt, unbestimmt.

In einem System ohne Rückkopplungen, sind somit alle Zustände des Systems außer dem Gleichgewichtszustand unbestimmt. Aus dem Gleichgewicht gebracht, kann das System jeden beliebigen Zustand annehmen. Ein solches System heißt *neutrales System*. Es ist gewissermaßen „tot“, einmal aus dem Gleichgewicht geworfen, bleibt es in jedem beliebigen Zustand, in den es zufällig geraten ist.

Aus der Äquivalenz der Differential- und Integralgleichungen (7.8) und (7.18) sowie (7.5) und (7.17) folgt, daß ein System ohne Rückkopplungen in Bezug auf die Ausgangs- und Eingangszustände seiner Elemente neutral ist. Für die Ausgangszustände finden wir, daß die Abweichungen ΔY_t vom Gleichgewichtszustand willkürliche Werte annehmen können.

Die Existenz mindestens einer Rückkopplung ist somit eine notwendige Bedingung für die Stabilität eines Systems. Aber sie ist keine hinreichende Bedingung. Damit ein System wirklich stabil ist, müssen die Rückkopplungen — bzw. die Rückkopplung, falls nur eine vorhanden ist — gewisse spezifische Eigenschaften aufweisen. Sie müssen so beschaffen sein, daß die Wurzeln der charakteristischen Gleichungen allesamt absolute Werte haben, die kleiner als eins sind, das heißt $|\lambda_j| < 1$ für alle j. Die Rückkopplungen, bei denen dies der Fall ist, heißen *Kompensations-Rückkopplungen*.

Um die Beschaffenheit dieser Kompensations-Rückkopplungen zu verstehen, wollen wir ein einfaches Beispiel betrachten. Nehmen wir an, es liege ein System vor, das nur aus zwei Elementen bestehe, wobei die Aktionen einen plötzlichen Prozeß darstellen; weiterhin nehmen wir an, daß $\Theta = 1$ ist. In einem solchen Falle nimmt die charakteristische Gleichung folgende Form an:

$$\begin{vmatrix} -1 & \dfrac{\partial R_{12}}{\partial x_t^{(2)}} \lambda^{-1} \\ \dfrac{\partial R_{21}}{\partial x_t^{(1)}} \lambda^{-1} & -1 \end{vmatrix} = 0 \quad \text{für } x_t^{(1)} = \hat{x}^{(1)} \text{ und } x_t^{(2)} = \hat{x}^{(2)} . \tag{8.19'}$$

Multiplizieren wir diesen Ausdruck mit λ^2, so können wir ihn in folgender Form schreiben:

$$\begin{vmatrix} -\lambda & \dfrac{\partial R_{12}}{\partial x_t^{(2)}} \\ \dfrac{\partial R_{21}}{\partial x_t^{(1)}} & -\lambda \end{vmatrix} = 0 \text{ für } x_t^{(1)} = \hat{x}^{(1)} \text{ und } x_t^{(2)} = \hat{x}^{(2)}.$$

Wenn das System keine Rückkopplung besitzt, dann ist $\partial R_{12}/\partial x_t^{(2)} = 0$ und die Wurzel der charakteristischen Gleichung ist $\lambda = 0$. Das System ist also neutral. Ist hingegen eine Rückkopplung vorhanden, so hat die Gleichung zwei Wurzeln, nämlich:

$$\lambda_1 = \sqrt{\frac{\partial R_{21}}{\partial x_t^{(1)}} \frac{\partial R_{12}}{\partial x_t^{(2)}}} \text{ und } \lambda_2 = -\sqrt{\frac{\partial R_{21}}{\partial x_t^{(1)}} \frac{\partial R_{12}}{\partial x_t^{(2)}}} \qquad (8.20)$$

$$(x_t^{(1)} = \hat{x}^{(1)}, x_t^{(2)} = \hat{x}^{(2)}).$$

Diese Wurzeln sind reell, wenn $\partial R_{21}/\partial x_t^{(1)}$ das gleiche Vorzeichen hat wie $\partial R_{21}/\partial x_t^{(2)}$, und sie sind konjugiert komplex, wenn die Vorzeichen entgegengesetzt sind. Sind die Vorzeichen gleich, so nennen wir die Rückkopplung *positiv*, sind sie entgegengesetzt, so nennen wir die Rückkopplung *negativ*.[1])

Bei positiver Rückkopplung bedeutet eine Zunahme (Abnahme) des Wertes der Variablen, die den Eingangszustand eines gewissen Elementes im System darstellt, eine Zunahme (Abnahme) derjenigen Variablen, die den Eingangszustand des mit diesem Element rückgekoppelten Elementes darstellt. Bei einer negativen Rückkopplung bedeutet eine Zunahme (Abnahme) beim erstgenannten Wert eine Abnahme (Zunahme) beim zweitgenannten Wert.

Die Funktion, die das zeitliche Verhalten der Abweichung des Systems vom Gleichgewichtszustand charakterisiert, hat nun folgende Form:

$$\Delta X_t = K_1 \lambda_1^t + K_2 \lambda_2^t.$$

Wie aus (8.20) zu entnehmen ist, ist $\lambda_2 = -\lambda_1$. Deshalb erhalten wir, wenn wir $K = K_1 - K_2$ schreiben, folgenden Aus-

[1]) Greniewski, op. cit. S. 37–41.

druck:

$$\Delta X_t = K\lambda^t. \tag{8.21}$$

Wenn die Rückkopplung positiv ist, ist λ reell und $|\Delta X_t|$ ist eine Funktion, die monoton zunimmt oder abnimmt, je nachdem ob $|\lambda| > 1$ oder ob $|\lambda| < 1$. Ist jedoch die Rückkopplung negativ, dann ist λ imaginär, und wir können schreiben

$$\Delta X_t = K\,\varrho^t \sin \omega\, t. \tag{8.22}$$

Diese Funktion oszilliert, und die Oszillationen nehmen zu oder ab, je nachdem, ob $\varrho = |\lambda| < 1$ oder > 1 ist.

Wir sehen also, daß in unserem Beispiel eine positive Rückkopplung eine monotone Veränderung in der Abweichung vom Gleichgewichtszustand hervorruft, während eine negative Rückkopplung eine Veränderung bewirkt, die den Charakter einer Oszillation hat.

Das System ist stabil, wenn $|\lambda| < 1$. In unserem Falle heißt das, daß

$$\left|\frac{\partial R_{21}}{\partial x_t^{(1)}}\,\frac{\partial R_{12}}{\partial x_t^{(2)}}\right| < 1 \quad (x_t^{(1)} = \hat{x}^{(1)},\ x_t^{(2)} = \hat{x}^{(2)}). \tag{8.23}$$

Das ist eine sowohl notwendige als auch hinreichende Bedingung. Sie kann in folgender Form geschrieben werden:[1])

$$\left|\frac{\partial R_{12}}{\partial x_t^{(2)}}\right| < \frac{1}{\left|\frac{\partial R_{21}}{\partial x_t^{(1)}}\right|} \quad (x_t^{(1)} = \hat{x}^{(1)},\ x_t^{(2)} = \hat{x}^{(2)}). \tag{8.24}$$

Damit also ein System in einer Umgebung des Gleichgewichtszustandes stabil ist, muß der absolute Betrag der Reaktion am Eingang des rückgekoppelten Elementes E_1, die durch eine Veränderung des Eingangszustandes hervorgerufen wird, ge-

[1]) In dieser Form ist die Stabilitätsbedingung für das System dem bekannten Stabilitätskriterium von Nyquist analog, das in der industriellen Automation verwendet wird. Dazu siehe Werner zur Megede, Einführung in die Technik selbsttätiger Regelungen, de Gruyter, Berlin 1956, S. 128–29; vgl. auch V. Broida, Automatisme, régulation automatique, servomécanismes, Dunod, Paris 1957, S. 297–299. Das Kriterium von Nyquist betrifft die automatische Regelung, die auf der Oszillationsfrequenz beruht. Die Bedingung (8.24) stellt eine Verallgemeinerung des Nyquistschen Kriteriums dar.

ringer sein als der Kehrwert des absoluten Betrages der Reaktion am Eingang des Elementes E_2, die infolge einer Veränderung des Eingangszustandes von E_1 erfolgt. Mit anderen Worten heißt das, daß bei einer Abweichung des Systems vom Gleichgewicht die Veränderungen in den Eingängen der Elemente von der Rückkopplung abgeschwächt werden müssen.[1])

Das ist der Kompensationseffekt der Rückkopplung, der für die Stabilität des Systems erforderlich ist.

Es muß darauf hingewiesen werden, daß für die Stabilität eines Systems die Rückkopplung nicht negativ zu sein braucht. Auch eine positive Rückkopplung kann einen Kompensationseffekt ausüben, wenn die Bedingungen (8.23) bzw. (8.24) erfüllt sind.[2])

Bei einer negativen Rückkopplung strebt ein stabiles System dem Gleichgewichtszustand zu, indem die Schwingungen vermindert (gedämpft) werden, bei einer positiven Rückkopplung, indem es sich dem Gleichgewichtszustand monoton annähert[3]).

[1]) Wir haben hier eine Analogie zum Prinzip von Le Chatelier aus der Thermodynamik. Dieses Prinzip besagt, daß eine äußere Einwirkung, die ein stabiles System aus dem Gleichgewicht wirft „in diesem Prozesse" hervorrufen, die die Tendenz haben, die Ergebnisse dieser Einwirkung zu reduzieren". (L. Landau und E. Lifschiz, Statistical Physics, Pergamon Press, London 1960, S. 82.) Die Bedingung (8.24) kann auch als eine Verallgemeinerung des Prinzips von Le Chatelier aufgefaßt werden.

[2]) Hierauf hat W. Ross Ashby in Introduction to Cybernetics, Chapman and Hall, London 1956, S. 98 aufmerksam gemacht. Die weitverbreitete, aber irrige Ansicht, daß nur eine negative Rückkopplung ein System stabil halten kann, ist darauf zurückzuführen, daß solche Rückkopplungen in der industriellen Automationstechnik vorherrschen. Hier wird das Gleichgewicht tatsächlich durch gedämpfte Schwingungen erreicht.

[3]) Wir lassen hier die kurzen Schwingungen außer acht, deren Periode gleich zwei Zeiteinheiten ist und die auftreten, wenn $\lambda < 0$ und wenn t nur ganzzahlige Werte annimmt. In diesem Fall ist $\lambda^t > 0$ für gerade Werte von t und $\lambda^t < 0$ für ungerade Werte von t. Solche Oszillationen, die verschiedenen negativen Werten der Wurzeln λ_j entsprechen, umlagern den monotonen Weg, der zum Gleichgewichtszustand führt. Dieses Problem tritt nicht in der Integralgleichung auf, denn dort ist $\lambda > 0$, und t nimmt nur reelle Werte an.

Andererseits sichert eine negative Rückkopplung nicht von sich aus die Stabilität eines Systems. Wenn Bedingung (8.23) nicht erfüllt ist, verursacht die Rückkopplung Oszillationen mit einer konstanten Amplitude, wenn $|\lambda| = 1$, und mit einer zunehmenden Amplitude, wenn $|\lambda| > 1$ ist.

Wir betrachten nun den allgemeineren Fall, wenn das System N Elemente enthält. Der Prozeß soll immer noch plötzlich verlaufen, und $\Theta = 0$ sein. Die charakteristische Gleichung hat dann die Form (18.17a). Multiplizieren wir diese Gleichung λ^N, so erhalten wir auf der linken Seite der Gleichung eine Determinante, in der sämtliche Ausdrücke auf der Diagonalen gleich $-\lambda$ sind. Schreiben wir für $\lambda = \frac{\nu+1}{\nu-1}$ so läßt sich die Stabilitätsbedingung des Systems in Form einer Bedingung für ν formulieren. Wenn λ eine reelle Zahl ist, dann lautet diese Bedingung einfach $\nu < 0$, ist hingegen λ komplex, so lautet sie $Re\, \nu < 0$, wo $Re\, \nu$ für den Realteil der komplexen Zahl ν steht.[1])

Es gibt verschiedene Kriterien, um zu bestimmen, ob der Realteil einer Wurzel der charakteristischen Gleichung negativ ist oder nicht. Behandeln wir ν als die Unbekannte der charakteristischen Gleichung, so können wir mit Hilfe dieser Kriterien entscheiden, ob $\nu < 0$ (oder $Re\, \nu < 0$) ist. Ist dies der Fall, so ist die Stabilitätsbedingung des Systems erfüllt. Diese Bedingung ist sowohl notwendig als auch hinreichend.

Wenn wir $\lambda = \frac{\nu+1}{\nu-1}$ schreiben, dann hat die Determinante, die die linke Seite der charakteristischen Gleichung ausmacht,

[1]) Wenn λ eine reelle Zahl ist, dann ergibt sich aus $\lambda = (\nu + 1)/(\nu - 1)$ direkt, daß $|\lambda| < 1$, dann und nur dann, wenn $\nu < 0$. Ist andererseits λ eine komplexe Zahl, so schreiben wir $\lambda = \alpha + \beta i$ und $\nu = a + b i$. Dann ergibt sich:

$$\lambda = \alpha + \beta i = \frac{(a + 1) + b i}{(a - 1) + b i}.$$

Es ist

$$|\lambda|^2 = \alpha^2 + \beta^2 = \frac{(a + 1) + b i}{(a - 1) + b i} \frac{(a + 1) - b i}{(a - 1) - b i} = \frac{(a + 1)^2 + b^2}{(a - 1)^2 - b^2}.$$

Hieraus folgt direkt, daß $|\lambda|^2 < 1$, und deshalb auch $|\lambda| < 1$, dann und nur dann, wenn $a = Re\, \nu < 0$.

in ihrer Diagonale überall den Ausdruck $-\frac{\nu+1}{\nu-1}$. Wenn $\left(\frac{1}{\nu-1}\right)^N$ aus der Determinante ausgeklammert wird, so bleibt in der Diagonale der Ausdruck $(-1-\nu)$. Zwei Fälle müssen nun besonders untersucht werden.

Erstens kann die Determinante symmetrisch sein. Bekanntlich sind dann alle Wurzeln $\nu_1, \nu_2, \ldots, \nu_N$ der charakteristischen Gleichung reell. Sie sind negativ, wenn die Matrix der charakteristischen Gleichung negativ definit ist. Die Matrix der charakteristischen Gleichung ist negativ definit, wenn

$$-1 < 0, \quad \begin{vmatrix} -1 & \frac{\partial R_{12}}{\partial x_t^{(2)}} \\ \frac{\partial R_{21}}{\partial x_t^{(1)}} & -1 \end{vmatrix} > 0,$$

$$\begin{vmatrix} -1 & \frac{\partial R_{12}}{\partial x_t^{(2)}} & \frac{\partial R_{13}}{\partial x_t^{(3)}} \\ \frac{\partial R_{21}}{\partial x_t^{(1)}} & -1 & \frac{\partial R_{23}}{\partial x_t^{(3)}} \\ \frac{\partial R_{31}}{\partial x_t^{(1)}} & \frac{\partial R_{32}}{\partial x_t^{(2)}} & -1 \end{vmatrix} < 0, \text{ etc.} \tag{8.25}$$

für $x_t^{(1)} = \hat{x}^{(1)}, x_t^{(2)} = \hat{x}^{(2)}, x_t^{(3)} = \hat{x}^{(3)}$ etc.

Wie zu sehen ist, ist die zweite dieser Ungleichungen identisch mit (8.23) bzw. (8.24). Die weiteren Ungleichungen der oben gegebenen Folge können als eine Verallgemeinerung der zweiten Ungleichung betrachtet werden, wobei die Kopplungen einer zunehmenden Anzahl von Elementen berücksichtigt werden.

Ist die Matrix der charakteristischen Gleichung symmetrisch, so sind alle Rückkopplungen positiv. Die Symmetrie bedeutet, daß die positiven Rückkopplungen symmetrisch sind in bezug auf die entsprechenden direkten Kopplungen. Die Größe der Reaktion am Eingang des Elements E_r auf eine Veränderung im Eingang des Elementes E_s ist dann gleich der Größe der Reaktion am Eingang des Elementes E_s auf eine Veränderung im Eingang des Elementes E_r. Das Gegenteil tritt ein, wenn die Absolutwerte dieser Reaktionen gleich sind, die Beziehungen aber entgegengesetztes Vorzeichen haben. Dann sind die Rückkopplungen negativ und schiefsymmetrisch gegenüber den entsprechenden direkten Kopplungen. Das ist der zweite Spezialfall, den wir betrachten wollen.

Wenn die Matrix der charakteristischen Gleichung schiefsymmetrisch ist, sind bekanntlich alle Wurzeln der Gleichung rein imaginär, das heißt, $Re\, \nu_j = 0$. Die Funktion $\Delta X_{(t)}$, die die Abweichungen vom Gleichgewichtszustand des Systems darstellt, ist dann oszillatorisch. Da $Re\, \nu_j = 0$, ist $|\lambda_j| = \varrho_j = 1$. Als Ergebnis dessen nimmt die Funktion ΔX_t folgende Form an:

$$\Delta X_t = \sum_j K_j \sin \omega t.$$

Die Oszillation weist also eine konstante Amplitude auf. Da die Rückkopplungen schiefsymmetrisch sind, kompensieren sie vollständig die Wirkung der entsprechenden direkten Kopplungen. Das hält das System in einem ständigen Zustand des Oszilierens.

Nun wollen wir den ganz allgemeinen Fall betrachten, daß die Rückkopplungen weder negativ noch positiv sind und auch nicht symmetrisch zu sein brauchen. Die Wirkung soll immer noch zeitlich plötzlich verlaufen, und der Einfachheit halber nehmen wir an, daß $\Theta = 1$ ist. Dann nimmt die vektorielle Differenzengleichung (8.9a) folgende Form an:

$$\Delta X_{t+1} = \left[\frac{\partial R}{\partial X_t}\right]_{X_t = \hat{X}} \Delta X_t .$$

Entsprechend dem Ausdruck (6.9a) können die zusammengesetzten Vektoren ΔX_t und ΔX_{t+1} als Quasidiagonalmatrizen aufgefaßt werden. Wir multiplizieren nun beide Seiten der vektoriellen Differenzengleichung mit der transponierten Matrix (die transponierte Matrix bezeichnen wir zusätzlich mit dem Symbol „T“). Dann erhalten wir:

$$\Delta X_{t+1}\ \Delta X_{t+1} = \left\{\left[\frac{\partial R}{\partial X_t}\right]_{X_t = \hat{X}} \Delta X_t\right\}^{\mathrm{T}} \left[\frac{\partial R}{\partial X_t}\right]_{X_t = \hat{X}} \Delta X_t .$$

Dieser Ausdruck kann in folgender Form geschrieben werden:

$$\Delta X_{t+1}^{\mathrm{T}}\ \Delta X_{t+1} = \Delta X_t^{\mathrm{T}} \left[\frac{\partial R}{\partial X_t}\right]^{\mathrm{T}} \left[\frac{\partial R}{\partial X_t}\right]_{X_t = \hat{X}} \Delta X_t . \qquad (8.26\,\mathrm{a})$$

Setzen wir $\Delta \boldsymbol{X}_t = \boldsymbol{K} \lambda^t$ und folglich $\Delta \boldsymbol{X}_t^{\mathsf{T}} = \boldsymbol{K}^{\mathsf{T}} \lambda^t$, so erhalten wir:

$$\boldsymbol{K}^{\mathsf{T}} \boldsymbol{K} \lambda^{2(t+1)} = \boldsymbol{K}^{\mathsf{T}} \left[\frac{\partial R}{\partial \boldsymbol{X}_t}\right]^{\mathsf{T}} \left[\frac{\partial R}{\partial \boldsymbol{X}_t}\right]_{X_t = \hat{X}} \boldsymbol{K} \lambda^{2t}.$$

Somit erhalten wir für die charakteristische Gleichung

$$\left| \left[\frac{\partial R}{\partial \boldsymbol{X}_t}\right]^{\mathsf{T}} \left[\frac{\partial R}{\partial \boldsymbol{X}_t}\right]_{X_t = \hat{X}} \lambda^{-2} - I \right| = 0. \tag{8.27a}$$

Das Produkt

$$\left[\frac{\partial R}{\partial \boldsymbol{X}_t}\right]^{\mathsf{T}} \left[\frac{\partial R}{\partial \boldsymbol{X}_t}\right]_{X_t = \hat{X}}, \tag{8.28a}$$

in der Algebra als Gaußsche Transformation bekannt, ist eine symmetrische Matrix. Infolgedessen ist auch die Matrix der charakteristischen Gleichung symmetrisch. Schreiben wir $\lambda^2 = \frac{\nu+1}{\nu-1}$ und behandeln wir ν als die Unbekannte der charakteristischen Gleichung, so stellen wir fest, daß die Wurzeln $\nu_1, \nu_2, \ldots, \nu_N$ reell sind. Diese Wurzeln sind negativ, wenn die Matrix der charakteristischen Gleichung, also der Ausdruck:

$$\left[\frac{\partial R}{\partial \boldsymbol{X}_t}\right]^{\mathsf{T}} \left[\frac{\partial R}{\partial \boldsymbol{X}_t}\right]_{X_t = \hat{X}} - I \tag{8.29a}$$

negativ definit ist.[1]) Dann ist $\lambda_j^2 < 1$ für alle und folglich auch $|\lambda_j| < 1$. Wenn $\lambda_j^2 < 0$, dann ist λ_j imaginär; die Funktion $\Delta \boldsymbol{X}_t$ beschreibt eine Oszillation, deren Schwingungen abnehmen (gedämpft sind).

Die formale Analogie zwischen dieser Bedingung und den Bedingungen (8.23) bzw. (8.25) ist auffallend. Die Bedingung

[2]) Diese Bedingung wird erwähnt von P. A. Samuelson in Foundations of Economic Analysis, Harvard, Cambridge 1947, S. 438. Eine im wesentlichen gleiche Bedingung wurde von S. Karlin formuliert, und zwar in Mathematical Methods and Theory in Games, Programming and Economics, Pergamon Press, London 1959, Bd. I, S. 320. Die Bedingung von Karlin erfordert das Vorhandensein einer Menge positiver Zahlen $c_1, c_2, \ldots, c_N$, so daß unter Verwendung unserer Symbole

$$\sum_{r \neq s} c_r \frac{\partial R_{sr}}{\partial x_t^{(r)}} < 1 \quad \text{für } r, s = 1, 2, \ldots, N \text{ und } x_t^{(r)} = \hat{x}^{(r)} \text{ ist.}$$

(8.29a) ist eine Verallgemeinerung der Bedingung (8.23) für ein System mit zwei Elementen und eine Verallgemeinerung der Bedingung (8.25) für ein System mit N Elementen und ausschließlich positiven und symmetrischen Kopplungen. Die Stabilitätsbedingung (8.29a) gilt für beliebige Systeme mit negativen und positiven Kopplungen, die nicht symmetrisch zu sein brauchen. Sie ist die allgemeine Bedingung für den Kompensationscharakter der Kopplungsstruktur eines Systems, in dem die Prozesse zeitlich plötzlich verlaufen. Wir gelangen zu einer komplizierteren Stabilitätsbedingung eines Systems, wenn die Prozesse allmählich und diskret verlaufen. Dann multiplizieren wir die vektorielle Differenzengleichung (8.9b) mit der transponierten Matrix. Wir erhalten also:

$$\begin{aligned}\Delta \boldsymbol{X}_t^{\mathrm{T}}\, \Delta \boldsymbol{X}_t &= \\ &= \left\{\sum_{\tau=0}^{\Theta} \left[\frac{\partial \boldsymbol{R}(\tau)}{\partial \boldsymbol{X}_{t-\tau}}\right]_{\boldsymbol{X}_{t-\tau}=\hat{\boldsymbol{X}}} \Delta \boldsymbol{X}_{t-\tau}\right\}^{\mathrm{T}} \left\{\sum_{\tau=0}^{\Theta} \left[\frac{\partial \boldsymbol{R}(\tau)}{\partial \boldsymbol{X}_{t-\tau}}\right]_{\boldsymbol{X}_{t-\tau}=\hat{\boldsymbol{X}}} \Delta \boldsymbol{X}_{t-\tau}\right\} \\ &= \sum_{\tau=0}^{\Theta} \Delta \boldsymbol{X}_{t-\tau}^{\mathrm{T}} \left[\frac{\partial \boldsymbol{R}(\tau)}{\partial \boldsymbol{X}_{t-\tau}}\right]^{\mathrm{T}}_{\boldsymbol{X}_{t-\tau}=\hat{\boldsymbol{X}}} \sum_{\tau=0}^{\Theta} \left[\frac{\partial \boldsymbol{R}(\tau)}{\partial \boldsymbol{X}_{t-\tau}}\right]_{\boldsymbol{X}_{t-\tau}=\hat{\boldsymbol{X}}} \Delta \boldsymbol{X}_{t-\tau}\,. \qquad (8.26\text{b})\end{aligned}$$

Schreiben wir $\Delta \boldsymbol{X}_t = \boldsymbol{K}\lambda^t$, so erhalten wir:

$$\boldsymbol{K}^{\mathrm{T}}\boldsymbol{K}\lambda^{2t} = \boldsymbol{K}^{\mathrm{T}} \sum_{\tau=0}^{\Theta} \lambda^{t-\tau} \left[\frac{\partial \boldsymbol{R}(\tau)}{\partial \boldsymbol{X}_{t-\tau}}\right]_{\boldsymbol{X}_{t-\tau}=\hat{\boldsymbol{X}}} \sum_{\tau=0}^{\Theta} \left[\frac{\partial \boldsymbol{R}(\tau)}{\partial \boldsymbol{X}_{t-\tau}}\right]_{\boldsymbol{X}_{t-\tau}=\hat{\boldsymbol{X}}} \boldsymbol{K}\lambda^{t-\tau}. \qquad (8.27\text{b})$$

Die charakteristische Gleichung hat dann folgende Form:

$$\left|\left\{\sum_{\tau=0}^{\Theta} \lambda^{-\tau} \left[\frac{\partial \boldsymbol{R}(\tau)}{\partial \boldsymbol{X}_{t-\tau}}\right]^{\mathrm{T}} \sum_{\tau=0}^{\Theta} \left[\frac{\partial \boldsymbol{R}(\tau)}{\partial \boldsymbol{X}_{t-\tau}}\right] \lambda^{-\tau}\right\}_{\boldsymbol{X}_{t-\tau}=\hat{\boldsymbol{X}}} - \boldsymbol{I}\right| = 0\,. \qquad (8.28\text{b})$$

In dieser Gleichung ist das Produkt der beiden Summen eine symmetrische Matrix (Gaußsche Transformation), und infolgedessen ist auch die Matrix der charakteristischen Gleichung symmetrisch. Schreiben wir $\lambda = (\nu + 1)/(\nu - 1)$ und betrachten wir ν als die Unbekannte der charakteristischen Gleichung, so finden wir die Wurzeln dieser Gleichung. Die Unbekannten ν erscheinen in der Matrix der charakteristischen Gleichung als Polynome vom Grad 2Θ. Ihre Wurzeln müssen also nicht unbedingt reell sein, sie können ebensogut komplex sein. Das Vorzeichen ihrer Realteile hängt von den Eigenschaften der Matrix der charakteristischen Gleichung ab, das heißt von der Matrix

$$\sum_{\tau=0}^{\Theta}\left[\frac{\partial R(\tau)}{\partial X_{t-\tau}}\right]^{\mathrm{T}}\sum_{\tau=0}^{\Theta}\left[\frac{\partial R(\tau)}{\partial X_{t-\tau}}\right]_{X_{t-\tau}=\hat{X}} - I. \tag{8.29b}$$

Wenn wir ähnliche Operationen an der vektoriellen Integralgleichung (8.9c) durchführen, so finden wir die Stabilitätsbedingung eines Systems für den Fall, daß es sich um einen allmählichen und kontinuierlichen Prozeß handelt. Die Bedingung hängt ab von den Eigenschaften der symmetrischen Matrix:

$$\int_0^{\Theta}\left[\frac{\partial R(\tau)}{\partial X_{t-\tau}}\right]^{\mathrm{T}} d\tau \int_0^{\Theta}\left[\frac{\partial R(\tau)}{\partial X_{t-\tau}}\right]_{X_{t-\tau}=\hat{X}} d\tau - I: \tag{8.29c}$$

Bedingung (8.29) ist die allgemeinste Form der Stabilitätsbedingung eines Systems. Sie läßt sich in ähnlicher Weise auch im Hinblick auf ΔY_t formulieren, das heißt für die Abweichungen der Ausgänge vom Gleichgewichtszustand.

Wir können also unsere Betrachtungen in folgender Weise zusammenfassen: Ein stabiles System muß mindestens eine Rückkopplung besitzen, und die Rückkopplung eines stabilen Systems muß eine Kompensationsrückkopplung sein. Die allgemeinste Bedingung für den Kompensationscharakter einer Rückkopplung besteht darin, daß die Matrix (8.29) negativ definit ist. Alle anderen Bedingungen können als besondere Fälle dieser allgemeinen Bedingung betrachtet werden.

Die Kompensationsrückkopplungen eines stabilen Systems bezeichnen wir als *Regulatoren oder Stabilisatoren* eines Systems. Der Prozeß eines stabilen Systems, der zum Gleichgewichtszustand tendiert, heißt die *Selbst-Regelung* des Systems.[1])

Der mathematische Ausdruck der Stabilität eines Systems ist, wie wir gesehen haben, die Bedingung $|\lambda_j| < 1$ für alle Wurzeln der charakteristischen Gleichung. Wenn Bedingung (8.29) nicht erfüllt ist, so haben wir $|\lambda_j| = 1$ oder $|\lambda_j| > 1$. Wenn alle

[1]) In der Biologie wird die Selbstregelung eines Organismus (zum Beispiel Beibehaltung einer konstanten Temperatur im menschlichen Körper) gewöhnlich als Homöostasis bezeichnet.

$|\lambda_j| = 1$, dann haben wir, wie aus (8.11) zu ersehen ist:

$$\Delta X_t = \sum_j K_j \quad \text{für} \quad \lambda_j \text{ reell}$$

bzw.

$$\Delta X_t = \sum_j K_j \sin \omega_j t \quad \text{für} \quad \lambda_j \text{ komplex.}$$

Das System verbleibt also in irgendeinem Anfangszustand, in den es zufällig geraten ist, oder es oszilliert um diesen Zustand mit konstanter Amplitude. Ein System dieser Art wird als *quasi-stabil* bezeichnet.[1])

Gibt es andererseits mindestens eine Wurzel, für die $|\lambda_j| > 1$, so erhalten wir:

$$\lim_{t \to \infty} \Delta X_t = \lim_{t \to \infty} \sum_j K_j \lambda_j^t = \infty \quad \text{bzw.} \quad -\infty .$$

Ein solches System soll *nichtstabil* genannt werden; einmal aus dem Gleichgewicht geworfen, entfernt es sich immer weiter von diesem Zustand. Wie wir wissen, hängt die Nichtstabilität eines Systems mit dem Vorhandensein von Rückkopplungen ganz bestimmter Beschaffenheit zusammen. (Fehlen Rückkopplungen, ist das System neutral.) Rückkopplungen, die die Nichtstabilität eines Systems hervorrufen, heißen *kumulative Rückkopplungen*, oder einfacher *Kumulatoren* des Systems. Der Prozeß, der stattfindet, sobald ein nichtstabiles System aus dem Gleichgewicht geworfen ist, heißt *kumulativer Prozeß*.

Wie wir bereits wissen, (vgl. S. 46), gibt es einen speziellen Stabilitätsbereich eines Systems, bzw. einen speziellen Instabilitäts- oder Quasi-Stabilitätsbereich eines Systems. Will man die Stabilitätsbedingungen eines Systems untersuchen, muß man also den Stabilitätsbereich bestimmen. Für unsere Zwecke können wir dieses Problem außer acht lassen.

[1]) Ein quasi-stabiles System kann als ein im weiteren Sinne stabiles System betrachtet werden. In einem solchen System kann jeder Zustand als Gleichgewichtszustand oder auch als Zustand eines zyklischen Gleichgewichts betrachtet werden, wenn das System mit einer konstanten Amplitude oszilliert. Vgl. Fußnote 1) auf S. 43.

IX. Ergodische Prozesse
Selbst-Steuerung

Der Prozeß eines stabilen Systems, das zum Gleichgewichtszustand hinstrebt, ist ein besonderer Fall einer weiteren Kategorie von Entwicklungsprozessen, die wir als *ergodische* Prozesse bezeichnen. Ergodische Prozesse sind solche Entwicklungsprozesse, die mit der Zeit vom Anfangszustand eines Systems unabhängig werden[1]). In einem stabilen System tendiert die Entwicklung zu einem gewissen Zustand hin, der unabhängig vom Anfangszustand des Systems ist, nämlich zum Gleichgewichtszustand. Die Stabilität des Systems beruht eben in dieser Tatsache. Im allgemeinen Falle ergodischer Prozesse tendiert die Entwicklung eines Systems dahin mit einem gegebenen Entwicklungsgesetz übereinzustimmen, das unabhängig vom Anfangszustand des Systems ist.

Wir bezeichnen mit $\hat{X}_t$ und $\hat{Y}_t$ vektorielle Funktionen der Zeit, die vom Anfangszustand des Systems unabhängig sind. Diese Funktionen drücken für die Eingangszustände und Ausgangszustände des Systems ein bestimmtes Entwicklungsgesetz aus. X_t und Y_t sollen wie bisher vektorielle Funktionen der Zeit sein, die eine Lösung des Entwicklungsgesetzes des Systems darstellen, das heißt, Lösungen der vektoriellen Differenzen- bzw. Integralgleichungen (7.5), (7.8) oder (7.17). Diese Funktionen stellen die tatsächliche zeitliche Entwicklung des

[1]) Der Ausdruck ergodisch wird hier in ähnlicher Weise wie in der Theorie der Markowschen Ketten verwendet. Eine Markowsche Kette wird dann als ergodisch bezeichnet, wenn die Wahrscheinlichkeitsverteilung in aufeinanderfolgenden Versuchen einer Grenzverteilung zustrebt, die von der Anfangsverteilung unabhängig ist. Vgl. zum Beispiel L. Takács, Stochastic Processes, Methuen and Co London 1960, S. 18 und 19.

Systems dar, die, wie wir wissen, vom Zustand des Systems zu einem bestimmten Anfangszeitpunkt abhängt. Die Entwicklung eines Systems ist ein ergodischer Prozeß, wenn

$$\lim_{t \to \infty} \boldsymbol{X}_t = \hat{\boldsymbol{X}}_t \qquad (9.1)$$

und

$$\lim_{t \to \infty} \boldsymbol{Y}_t = \hat{\boldsymbol{Y}}_t . \qquad (9.2)$$

Wegen (6.17) sind diese Ausdrücke äquivalent; der eine von ihnen impliziert immer den anderen.

Man kann sich leicht davon überzeugen, daß der Ausdruck für die Stabilität eines Systems immer ein spezieller Ausdruck eines ergodischen Prozesses ist. Der spezielle Fall tritt ein, wenn $\hat{\boldsymbol{X}}_t = \hat{\boldsymbol{X}} = \text{const.}$ und wenn $\hat{\boldsymbol{Y}}_t = \hat{\boldsymbol{Y}} = \text{const.}$

Die Funktionen $\hat{\boldsymbol{X}}_t$ und $\hat{\boldsymbol{Y}}_t$ bezeichnen wir als die *Führungsfunktionen* der Entwicklung des Systems. $\Delta \boldsymbol{X}_t$ und $\Delta \boldsymbol{Y}_t$ sind die Abweichungen der Eingangs- bzw. Ausgangszustände zum Zeitpunkt t von den Werten der Führungsfunktionen des Systems zum Zeitpunkt t. Die Werte der Führungsfunktionen heißen die *Normen* des Zustandes eines Systems und jede Abweichung von diesen Normen heißt *Störung*. Eine Störung wird also folgendermaßen definiert:

$$\Delta \boldsymbol{X}_t = \boldsymbol{X}_t - \hat{\boldsymbol{X}}_t \qquad (9.3)$$

bzw.

$$\Delta \boldsymbol{Y}_t = \boldsymbol{Y}_t - \hat{\boldsymbol{Y}}_t . \qquad (9.4)$$

Die Definition eines ergodischen Prozesses — (9.1) und (9.2) — kann also dann folgendermaßen geschrieben werden:

$$\lim_{t \to \infty} \Delta \boldsymbol{X}_t = 0 \qquad (9.5)$$

bzw.

$$\lim_{t \to \infty} \Delta \boldsymbol{Y}_t = 0 . \qquad (9.6)$$

Diese beiden Ausdrücke sind, wie wir wissen, äquivalent. Das bedeutet, daß in einem ergodischen Prozeß jede Störung in der Entwicklung des Systems mit der Zeit verschwindet.

Die zuletzt genannte Definition gestattet es uns, Ergodizitätsbedingungen für die Kopplungen der Elemente innerhalb eines Systems aufzustellen. Störungen ΔX_t bzw. ΔY_t befriedigen, falls sie klein sind, die Formeln (8.9), wobei die Funktionalmatrix Werte annimmt, die der Norm, d. h. den Werten der Führungsfunktion zum Zeitpunkt der Störung, entsprechen. Wir wollen diesen Zeitpunkt mit $t = z$ bezeichnen. Dann erhalten wir an Stelle von (8.9):

$$\Delta X_{t+\Theta} = \left[\frac{\partial R}{\partial X_t}\right]_{X_t = \hat{X}_z} \Delta X_t\,, \tag{9.7a}$$

$$\Delta X_t = \sum_{\tau=0}^{\Theta} \left[\frac{\partial R(\tau)}{\partial X_{t-\tau}}\right]_{X_{t-\tau} = \hat{X}_{z-\tau}} \Delta X_{z-\tau} \tag{9.7b}$$

und

$$\Delta X_t = \int_0^{\Theta} \left[\frac{\partial R(\tau)}{\partial X_{t-\tau}}\right]_{X_{t-\tau} = \hat{X}_{z-\tau}} \Delta X_{t-\tau}\, d\tau\,. \tag{9.7c}$$

Wir erhalten charakteristische Gleichungen analog zu denen von (8.17) unter der Voraussetzung, daß die Werte der Gleichungsmatrix der Gleichung der Norm entsprechen, das heißt den Zuständen $X_t = \hat{X}_z$ bzw. $X_{t-\tau} = \hat{X}_{z-\tau}$. Die notwendige und hinreichende Bedingung dafür, daß die Entwicklung des Systems einen ergodischen Prozeß darstellt, besteht also darin, daß folgende Matrizen negativ definit sein müssen:

$$\left[\frac{\partial R}{\partial X_t}\right]^{\mathrm{T}} \left[\frac{\partial R}{\partial X_t}\right]_{X_t = \hat{X}_z} - I\,, \tag{9.8a}$$

bzw.

$$\sum_{\tau=0}^{\Theta} \left[\frac{\partial R(\tau)}{\partial X_{t-\tau}}\right]^{\mathrm{T}} \sum_{\tau=0}^{\Theta} \left[\frac{\partial R(\tau)}{\partial X_{t-\tau}}\right]_{X_{t-\tau} = \hat{X}_{z-\tau}} - I \tag{9.8b}$$

bzw.

$$\int_0^{\Theta} \left[\frac{\partial R(\tau)}{\partial X_{t-\tau}}\right]^{\mathrm{T}} d\tau \int_0^{\Theta} \left[\frac{\partial R(\tau)}{\partial X_{t-\tau}}\right]_{X_{t-\tau} = \hat{X}_{z-\tau}} d\tau - I\,. \tag{9.8c}$$

Hieraus können wir ähnliche Schlüsse wie im Falle der Stabilität eines Systems ziehen. Nur ein System, das mindestens eine Rückkopplung besitzt, kann sich in einem ergodischen Prozeß entwickeln; ein System ohne Rückkopplung ist neutral. Darüber hinaus muß aber diese Rückkopplung, damit das

System wirklich eine ergodische Entwicklung haben kann, bestimmte Eigenschaften aufweisen, die zur Befriedigung von (9.8) führen. Solche Rückkopplungen bezeichnen wir, wie im Falle der Stabilität eines Systems, als *Kompensationsrückkopplungen*. Kompensationsrückkopplungen reduzieren mit der Zeit die Störungen in der Entwicklung eines Systems, so daß diese allmählich verschwinden.

Kompensationsrückkopplungen in einem System, das sich ergodisch entwickelt, bezeichnen wir als *Steuerungs-Kontrollen*, oder einfacher, als *Steuerungen* des Systems. Die Tendenz in der Entwicklung eines Systems zur Norm, das heißt zur Führungsfunktion, oder mit anderen Worten das Verschwinden der Störungen im Verlaufe der Entwicklung wird als *Selbst-Steuerung* in der Entwicklung eines Systems bezeichnet. Die Selbstregelung eines stabilen Systems ist ein spezieller Fall der Selbststeuerung der Entwicklung. Sie tritt ein, wenn die Führungsfunktion die Form $\hat{X}_t = \text{const.}$, bzw. $\hat{Y}_t = \text{const.}$ hat.

Die Funktionalmatrix in der Differenzen- bzw. Integralgleichung (9.7) hängt vom Wert der Führungsfunktion im Zeitpunkt $t = z$ ab, zu dem die Störung auftritt (ΔX_t). Folglich hängen auch die Determinante in der charakteristischen Gleichung und die Wurzeln der charakteristischen Gleichung vom Zeitpunkt $t = z$ ab und sind Funktionen der Parameters z. Wir schreiben sie also als $\lambda_j(z)$. Die Vektorfunktion der Zeit ΔX_t, die die Lösung der Gleichung (9.7) darstellt, hat deshalb folgende Form:

$$\Delta X_t = \sum_j K_j(z) \, [\lambda(z)]^t. \tag{9.9}$$

Die Koeffizienten K_j hängen ebenfalls vom Parameter z ab, und deshalb schreiben wir sie als $K_j(z)$. Die Funktion ΔX_t geht gegen Null, wenn alle $\lambda_j(z) < 1$; das tritt ein, wenn (9.8) erfüllt ist. Je nachdem ob $\lambda_j(z)$ reell oder komplex ist, sind die Komponenten der Vektorfunktion (9.9) monoton[1]) oder sie oszillieren. Symbolisch läßt sich ein ergodischer Prozeß in

[1]) Wir vernachlässigen hier die diskreten kurzen Oszillationen, die in einem diskreten Prozeß auftreten, wenn $\lambda_j(z) < 0$. Vgl. Fußnote 3), Seite 54.

einem zweidimensionalen Diagramm darstellen, wie es in Abb. 10a bzw. 10b gezeigt ist.

Abb. 10a zeigt das monotone und Abb. 10b das oszillierende Verschwinden der Störungen ΔX_t, die zum Moment $t = z$ auftreten. In diesen Abbildungen ist $\hat{X}_t$ die Führungsfunktion der Entwicklung des Systems, und die Funktion X_t stellt die tatsächliche zeitliche Entwicklung des Systems dar.

Die Funktion X_t ist die Lösung der vektoriellen Differenzen- bzw. Integralgleichung (9.7). Folglich hängt ihre Form von den Eingangszuständen zu bestimmten Anfangszeitpunkten ab. Ähnlich hängt auch der Verlauf der Funktion Y_t von den Ausgangszuständen zu gewissen Anfangszeitpunkten ab. Die Menge derjenigen Werte der Anfangszustände des Systems (d. h. der Eingangs- oder der Ausgangszustände), für welche die Funktion X_t bzw. Y_t zur Führungsfunktion $\hat{X}_t$ bzw. $\hat{Y}_t$ tendiert, bildet den *Ergodizitätsbereich* der Entwicklung des Systems. Störungen, die Zustände eines Systems innerhalb des Ergodizitätsbereiches betreffen, verschwinden mit der Zeit, während Störungen, die Zustände des Systems außerhalb des Ergodizi-

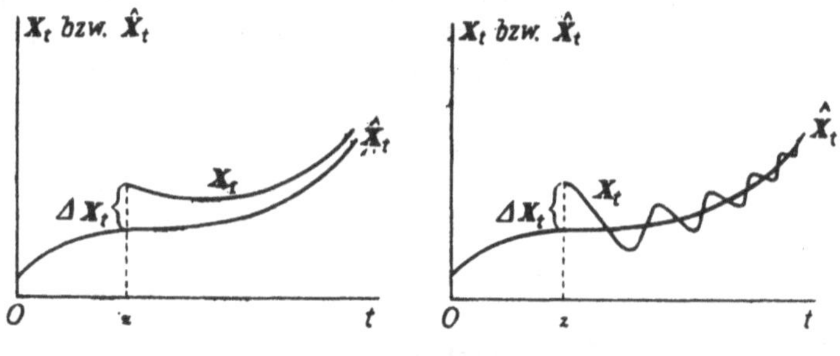

Abb. 10a Abb. 10b

tätsbereiches betreffen, nicht verschwinden, sondern einen bleibenden Einfluß auf die Entwicklung des Systems ausüben. Der Ergodizitätsbereich kann deshalb auch als *Bereich vorübergehender Störungen* beschrieben werden, während die Menge derjenigen Anfangszustände des Systems, die nicht zu diesem Bereich gehören, als *Bereich der bleibenden Störungen* beschrieben werden kann.

Ist die Entwicklung eines Systems ein ergodischer Prozeß, so ist ein gewisser Bereich in der Nähe der Führungsfunktion $\hat{X}_t$ bzw. $\hat{Y}_t$ der Ergodizitätsbereich. Er heißt Ergodizitätsbereich „im Kleinen", d. h. Ergodizitätsbereich für kleine Störungen. Um die Größe des Ergodizitätsbereiches bestimmen zu können, muß man die Bedingungen für den Ergodizitätsbereich „im Großen" untersuchen, wir müssen also herausfinden, wie groß die Störungen sein dürfen, ohne daß der ergodische Charakter des Entwicklungsprozesses verlorengeht.

In diesem Zusammenhang sei noch einmal daran erinnert, daß die Differenzen- bzw. Integralgleichungen (9.7) für kleine Störungen ΔX_t abgeleitet wurden. Handelt es sich um große Störungen, so müssen wir an Stelle von (9.7) folgendermaßen schreiben:

$$\Delta X_{t+\Theta} = \left[\frac{\partial R}{\partial X_t}\right]_{X_t=\hat{X}_z} \Delta X_t + \Phi(\Delta X_t)\,, \tag{9.10a}$$

$$\Delta X_t = \sum_{\tau=0}^{\Theta} \left[\frac{\partial R(\tau)}{\partial X_{t-\tau}}\right]_{X_{t-\tau}=\hat{X}_{z-\tau}} \Delta X_{t-\tau} + \sum_{\tau=0}^{\Theta} \Phi(\Delta X_{t-\tau})\,, \tag{9.10b}$$

$$\Delta X_t = \int_0^{\Theta} \left[\frac{\partial R(\tau)}{\partial X_t}\right]_{X_t=\hat{X}_{z-\tau}} \Delta X_{t-\tau}\, d\tau + \int_0^{\Theta} \Phi(\Delta X_{t-\tau})\, d\tau\,. \tag{9.10c}$$

Die Funktionen $\Phi(\Delta X_t)$ bzw. $\Phi(\Delta X_{t-\tau})$ auf der rechten Seite dieser Ausdrücke können in Vektorfunktionen umgewandelt werden, deren Argumente die absoluten Werte der Komponenten des Vektors ΔX_t bzw. $\Delta X_{t-\tau}$ sind. Eine so umgewandelte Funktion wird mit $V(|\Delta X_t|)$ bzw. mit $V(|\Delta X_{t-\tau}|)$ bezeichnet. Wir erhalten dann

$$\Phi(\Delta X_t) = V(|\Delta X_t|) \quad \text{and} \quad \Phi(\Delta X_{t-\tau}) = V(|\Delta X_{t-\tau}|)\,. \tag{9.11}$$

Ist die Entwicklung des Systems ein ergodischer Prozeß, dann ist der Bereich (das heißt die Menge der Werte ΔX_t bzw. $\Delta X_{t-\tau}$), in denen

$$\lim_{t\to\infty} V = 0\,, \tag{9.12}$$

der Ergodizitätsbereich der Entwicklung des Systems.[1]) Denn in diesem Bereich gehen die Funktionen $\Phi(\Delta X_t)$ bzw. $\Phi(\Delta X_{t-\tau})$ gegen Null, und die Gleichungen (9.10) konvergieren gegen die Gleichungen (9.7), deren Lösung, wie wir oben angenommen haben, einen ergodischen Prozeß darstellen.

Neben dem Problem des Ergodizitätsbereiches in der Entwicklung eines Systems gibt es noch das Problem der Ergodizitätsdauer. Wie wir aus (9.9) entnehmen können, hängt die Funktion ΔX_t, die die Lösung der vektoriellen Differenzen- bzw. Integralgleichung (9.7) darstellt, vom Parameter z ab, d. h. von dem Zeitpunkt, in dem die Störung auftritt. Insbesondere hängen die Wurzeln $\lambda_j(z)$ der charakteristischen Gleichung von diesem Parameter ab. Diese Wurzeln können so beschaffen sein, daß $\lambda_j(z) < 1$ für gewisse Werte von z und $\lambda_j(z) \geqq 1$ für andere Werte von z ist. Wenn die Elemente der Funk-

1) Anstatt V als eine vektorielle Funktion der absoluten Werte der Vektorkomponenten von ΔX_t bzw. $\Delta X_{t-\tau}$ zu definieren, können wir V auch als Funktion von $(\Delta X_t)^2$ bzw. $(\Delta X_{t-\tau})^2$ definieren. Die Funktion $V[(\Delta X_t)^2]$ bzw. $V[(\Delta X_{t-\tau})^2]$ ist dann eine Funktion des „Euklidischen Abstandes" des Zustandes des Systems von der Norm, das heißt vom Wert der Führungsfunktion zum gleichen Zeitpunkt. Der Nutzen dieser Definition besteht darin, daß man sich an das Verfahren von Ljapunow hält, das dieser bei der Untersuchung der Stabilität der Lösung von Differentialgleichungen „im Großen" anwandte. Eine solche Definition bietet sich von selbst an, wenn die Transformationen R_{sr}, die in der Matrix R auftreten (vgl. (6.18)), zweite Ableitungen haben. In diesem Falle ist nämlich die Funktion Φ das zweite Glied einer Taylorschen Reihe:

$$\Phi = \frac{1}{2}\left[\frac{\partial^2 R}{\partial X_t^2}\right]_{X_t=\hat{X}_z} (\Delta X_t)^2$$

bzw.

$$\Phi = \frac{1}{2}\sum_{\tau=0}^{\Theta}\left[\frac{\partial^2 R(\tau)}{\partial X_{t-\tau}^2}\right]_{X_{t-\tau}=\hat{X}_{z-\tau}} (\Delta X_{t-\tau})^2 ,$$

oder schließlich

$$\Phi = \frac{1}{2}\int_0^{\Theta}\left[\frac{\partial^2 R(\tau)}{\partial X_{t-\tau}^2}\right]_{X_{t-\tau}=\hat{X}_{z-\tau}} (\Delta X_{t-\tau})^2 \, d\tau .$$

In Anbetracht dessen können wir unmittelbar $V = \Phi$ setzen.

tionalmatrix in den Gleichungen (9.7) stetige Funktionen der Zeit sind, was wir hier der Einfachheit halber annehmen wollen, dann sind die Wurzeln der charakteristischen Gleichung stetige Funktionen des Parameters z. Folglich läßt sich ein Zeitintervall $[t_1, t_2]$ definieren, so daß $\lambda_j(z) < 1$ ist, für Werte von z mit

$$t_1 \leqq z \leqq t_2 \,. \tag{9.13}$$

Ein so definiertes Zeitintervall heißt *Ergodizitätsdauer* der Entwicklung eines Systems. Reicht das Intervall von $-\infty <$ $< z < \infty$, so sagen wir, daß der Entwicklungsprozeß des Systems *permanent ergodisch* ist, handelt es sich hingegen um ein endliches Intervall, so sagen wir, daß der Prozeß *vorübergehend ergodisch* ist. Ein Prozeß kann auch einseitig vorübergehend ergodisch sein, und zwar dann, wenn das Intervall folgendermaßen bestimmt ist: $-\infty < z \leqq t_2$ bzw. $t_1 \leqq z < \infty$.

Ein vorübergehend ergodisches System kann seinen ergodischen Charakter auf zwei Weisen verlieren und gewinnen. Der erste Weg besteht darin, daß die $|\lambda_j(z)|$ für $z < t_1$ bzw. $z > t_2$ allsamt gleich Null sind, d. h. vor bzw. nach der Ergodizitätsdauer. Das System verwandelt sich in diesem Falle aus einem neutralen System in ein System mit ergodischer Entwicklung, oder umgekehrt, aus einem System mit ergodischer Entwicklung in ein neutrales System. Im übertragenen Sinne können wir in einem solchen Falle sagen, daß das ergodische System aus einem toten System entsteht bzw., daß ein ergodisches System zu einem toten System wird. Die zweite Möglichkeit besteht darin, daß für eine oder mehrere Wurzeln der charakteristischen Gleichung $|\lambda_j(z)| \geqq 1$, und zwar vor oder nach der Ergodizitätsdauer. Falls $|\lambda_j(z)| = 1$, so verwandelt sich das System aus einem quasi-stabilen System in ein System mit ergodischer Entwicklung bzw. umgekehrt. Falls $|\lambda_j(z)| > 1$, und zwar vor oder nach der Dauer der Ergodizität, so bewirkt jede Störung vor und nach dieser Zeit daß sich das System in kumulativer Form von der Führungsfunktion entfernt. Ein Prozeß der kumulativ von der Führungsfunktion des Systems wegführt, kann *anti-ergodischer* Prozeß genannt werden.

Die Begrenzung der Ergodizität eines Entwicklungsprozesses ist darauf zurückzuführen, daß die Matrizen, die in der Ergodizitätsbedingung (9.8) auftreten, sowie auch die transponierten

Matrizen Funktionen der Zeit sind. Die Elemente dieser Matrizen sind Ableitungen der Transformationen R_{sr}, die den Eingang des Elementes E mit dem Eingang des Elementes E_r verbinden (vgl. (6.5) und (7.4) bzw. (7.16)). Das sind Ableitungen des Typs:

$$\frac{\partial R_{sr}}{\partial x_t^{(r)}} \quad \text{oder} \quad \frac{\partial R_{sr}}{\partial x_{t-\tau}^{(r)}}, \quad \text{wo} \quad r = 1, 2, \ldots, N; \quad r \neq s.$$

Diese Ableitungen hängen vom Zustand der Eingänge zu einem bestimmten Zeitpunkt, nämlich zum Zeitpunkt t bzw. $t - \tau$ ab. In den Matrizen und in den transpontierten Matrizen von (9.8) hat der Eingangszustand den Wert der Führungsfunktion zum Zeitpunkt $t = z$ bzw. $t - \tau = z - \tau$. Auf diese Weise haben diese Ableitungen zu unterschiedlichen Zeitpunkten z unterschiedliche Werte, und deshalb haben auch die Elemente der Matrizen von (9.8) unterschiedliche Werte. Infolgedessen kann der Ausdruck (9.8) die Ergodizitätsbedingungen für gewisse Zeitpunkte z befriedigen, für andere aber nicht. Es stellt sich heraus, daß man für gewisse Zeitpunkte $|\lambda_j(z)| < 1$ und für einige andere $|\lambda_j(z)| \geqq 1$ haben kann.

Es ist insbesondere möglich, daß außerhalb eines bestimmten Zeitintervalls die Werte der Ableitungen oberhalb der Diagonale der Matrix gleich Null werden. Dann hat das System außerhalb dieses Zeitintervalls keine Rückkopplungen und ist deshalb neutral. Es ist aber auch möglich, daß außerhalb eines gewissen Zeitintervalls die Werte der Ableitungen so beschaffen sind, daß die Matrix in (9.8a) positiv definit wird bzw. die Matrizen (9.8b) und (9.8c) die Eigenschaften verlieren, die für die Ergodizität erforderlich sind. Dann hören die Rückkopplungen dieses Systems auf, Kompensations-Rückkopplungen zu sein, und alle Störungen entfernen den Zustand des Systems kumulativ von der Führungsfunktion, d. h., der Prozeß wird anti-ergodisch.

Man muß ferner auf die Geschwindigkeit achten, mit der die Störungen in der Entwicklung eines ergodischen Prozesses verschwinden, oder anders ausgedrückt, auf die Geschwindigkeit, mit der das System nach einer Störung zur Norm zurückkehrt.

Aus (9.9) ergibt sich

$$\frac{d}{dt} \Delta \boldsymbol{X}_t = \sum_j \boldsymbol{K}_j(z) \, [\lambda_j(z)]^t \log |\lambda_j(z)| \, , \tag{9.14}$$

wo log $|\lambda_j(z)|$ ein natürlicher Logarithmus ist.[1])

Daraus ergibt sich eine Reihe interessanter Schlüsse. Wenn in der Nähe der Grenzen (oder der Grenze) der Ergodizitätsdauer die Werte $|\lambda_j(z)|$ bei Annäherung von z gegen die Grenze monoton gegen Eins streben, dann konvergiert log $|\lambda_j(z)|$ monoton gegen Null. Somit konvergiert also auch, wie aus (9.14) zu ersehen ist, die Geschwindigkeit, mit der die Störungen verschwinden, gegen Null. Die Störungen in der Entwicklung des Systems halten also immer länger und länger an, und der Zustand des Systems kehrt immer langsamer zur Norm zurück, d. h. zu dem Zustand, der durch die Führungsfunktion des Systems bestimmt ist. Tritt dies an der oberen Grenze der Ergodizitätsdauer ein, so kann man sagen, daß das System „alt wird"; die Selbststeuerung wird träge. Tritt dies hingegen an der unteren Grenze der Ergodizitätsdauer ein, so können wir sagen, daß das System noch „unreif" ist und daß die Selbststeuerung noch nicht „eingesetzt" hat.

Dasselbe tritt ein, wenn beim Erreichen der Ergodizitätsgrenze durch z die $\lambda_j(z)$ monoton gegen Null konvergieren. In einem solchen Falle konvergiert nämlich auch $\lambda_j(z)$ log $|\lambda_j(z)|$ gegen Null, und wir haben das gleiche Ergebnis, das wir eben beschrieben haben.[2]) Nähert sich also das System monoton dem

[1]) Wir schreiben log $|\lambda_j(z)|$, denn wenn $\lambda_j(z) > 0$, dann ist $\lambda_j(z) = |\lambda_j(z)|$. Ist andererseits $\lambda_j(z) < 0$, so behandeln wir es als eine komplexe Zahl $\lambda_j(z) = \varrho(z) \, [\cos \omega(z) + i \sin \omega(z)]$, wo $\sin \omega(z) = 0$ und $\cos \omega(z) = 1$. Infolge dessen ist $\log \lambda_j(z) = \log \varrho(z) = \log |\lambda_j(z)|$. Wenn $\lambda_j(z)$ eine komplexe Zahl ist, dann ist $\log \lambda_j(z) = \log \varrho(z) + \log [\cos \omega(z) + i \sin \omega(z)]$; wir erhalten dann $\log |\lambda_j(z)| = \log \varrho(z)$.

[2]) Wir schreiben $\lambda(z) \log |\lambda(z)|$ in der Form

$$\frac{\log |\lambda(z)|}{[\lambda(z)]^{-1}} \, .$$

Unter Verwendung der Regel von l'Hospital erhalten wir:

$$\lim_{\lambda(z) \to 0} \frac{[\log |\lambda(z)|]'}{\{[\lambda(z)]^{-1}\}'} = \lim_{\lambda(z) \to 0} \frac{|\lambda(z)|^{-1}}{-[\lambda(z)]^{-2}} = - \lim_{\lambda(z) \to 0} \lambda(z) = 0 \, .$$

neutralen oder den quasi-stabilen Zustand, so funktioniert die Selbst-Steuerung des Systems immer träger.

Die „Reifung" des Systems, d. h. das „Einsetzen" der Selbst-Steuerung und das „Altern" eines Systems müssen nicht unbedingt allein in einer Veränderung der Geschwindigkeiten zutage treten, mit denen Störungen im Entwicklungsprozeß überwunden werden. Diese beiden Erscheinungen können sich auch in einer Veränderung des Ergodizitätsbereiches äußern. Dieser Bereich ist, wie wir wissen, durch die Menge derjenigen Werte des Vektors X_t bzw. $X_{t-\tau}$ gegeben, für die (9.12) gilt, d. h. durch den Konvergenzbereich der Vektorfunktionen $V(|\Delta X_t|)$ bzw. $V(|\Delta X_{t-\tau}|)$. Diese Funktion hängt in der Regel vom Parameter z ab, denn sie enthält höhere Ableitungen der Transformationen R_{rs} bzw. $R_{rs}(\tau)$ mit $X_t^{(r)} = \hat{X}_{(z)}^{(r)}$ $(X_{t-\tau}^{(r)} = \hat{X}_{z-\tau}^{(r)})$ $(r, s = 1, 2, \ldots, N; r \neq s)$.[1] Der Ergodizitätsbereich in der Entwicklung eines Systems hängt folglich vom Parameter z ab, das heißt von dem Zeitpunkt, in dem die Störung einsetzt.

Ist die Ergodizität der Entwicklung zeitlich begrenzt, so kann sich der Ergodizitätsbereich in spezifischer Weise verändern. Er kann nämlich zu Beginn der Ergodizitätsdauer sehr klein sein, später im Laufe der Zeit größer werden, dann wieder abnehmen und gegen Ende der Ergodizitätsdauer wieder gegen Null konvergieren. In einem solchen Fälle ändert sich die Widerstandfähigkeit eines Systems gegen Störungen. Ein „junges" System ist nur gegen sehr geringe Störungen resistent, in dem Maße wie es „reifer wird" kann es immer größeren Stö-

[1]) Wenn wir an Stelle der Funktion $V(|\Delta X_t|)$ bzw. $V(|\Delta X_{t-\tau}|)$ wie in der Fußnote auf Seite 68 die Funktion des „Euklidischen Abstandes", des Zustandes des Systems von seiner Norm verwenden, so erhalten wir:

$$V[(\Delta X_t)^2] = \frac{1}{2}\left[\frac{\partial^2 R}{\partial X_t^2}\right]_{X_t = \hat{X}_z} (\Delta X_t)^2$$

bzw.

$$V[(\Delta X_{t-\tau})^2] = \frac{1}{2}\sum_{\tau=0}^{\Theta}\left[\frac{\partial^2 R(\tau)}{\partial X_{t-\tau}^2}\right]_{X_{t-\tau} = \hat{X}_{z-\tau}} (\Delta X_{t-\tau})^2,$$

bzw. schließlich einen ähnlichen Ausdruck mit einem Integral an Stelle der Summe auf der rechten Seite. Es ist also klar, daß die Vektorfunktion V vom Parameter z abhängt.

rungen wiederstehen, wird es schließlich „alt", büßt es allmählich seine Widerstandsfähigkeit gegen größere Störungen wieder ein und verliert sie zuletzt völlig.

Wir sehen also, daß nicht nur die Störungen, denen ein System wiederstehen kann, also der Ergodizitätsbereich, verschieden groß sein können. Auch die Geschwindigkeit, mit der ein System nach eingetretenen Störungen zu seiner Norm zurückkehrt, kann unterschiedlich sein. Beide Größen ändern sich während der Ergodizitätsdauer.

In einer Umgebung, die häufige und dabei große Störungen hervorbringt, verlieren viele Systeme den ergodischen Charakter ihrer Entwicklung. Das sind speziell solche Systeme, die nicht genügend „Reifezeit" hatten, um mit der Selbststeuerung „einzusetzen". Außerdem sind es Systeme, die deshalb nur einen geringen Grad von Störungsfestigkeit aufweisen, weil sie aus irgendeinem Grund „gealtert" sind. Auf diese Weise findet eine natürliche Auslese statt: Nur diejenigen ergodischen Prozesse, und mit ihnen auch die entsprechenden Systeme überleben, die einen hohen Grad von Störungsresistenz aufweisen, das heißt Systeme mit einem großen Ergodizitätsbereich und mit rascher Kompensierung von Störungen. Solche Prozesse und Systeme sind gewissermaßen an die Umgebung angepaßt, ihre Selbststeuerung ist für die Bedingungen einer gegebenen Umgebung hinreichend wirksam.

Die Existenz ergodischer Prozesse und das Vorhandensein von Selbststeuerung in der Entwicklung von Systemen erklären uns, wie man durch falsche Interpretation bei der Erklärung von Systemen als Ganzheiten zum metaphysischen Finalismus gelangt ist. Wir stoßen immer wieder auf solche Fehlinterpretationen, insbesondere im Zusammenhang mit biologischen Erscheinungen wie Organismen, die einen gewissen Zustand anstreben (Homöostasis) oder die Eigenschaft der Regeneration aufweisen und somit gewisse Störungen in ihrer Entwicklung überwinden, die die Grundlage für metaphysische finalistische Erklärungen von Systemen als „Ganzheiten" abgeben. Es gibt ein weit bekanntes Argument, das auf Experimenten beruht, die H. Driesch mit Seeigeln durchgeführt hat. Entfernt man gewisse Teile — bis zu drei Viertel — eines Embryos während seiner frühen Entwicklungsphase, so werden solche Störungen während der späteren Entwicklungsphasen völlig kompensiert, und es entsteht doch wieder ein vollständiger Seeigel. Daraus hat H. Driesch den Schluß gezogen, daß die Entwicklung eines Organismus von einer nichtmateriellen Richtkraft beherrscht wird, der „Entelechie", die dem Organismus den Charakter einer Ganzheit verleiht, welche sich nach einem gewissen „Plan", nach einer immanenten Zielstrebigkeit, entwickelt.[1]) Andere neovitalistische Theorien beziehen sich in ähnlicher Weise auf die „ganzheitlich-zweckmäßige" Natur des Organismus.

Die Behandlung der Stabilität und der Ergodizität des Entwicklungsprozesses eines Systems, wie sie hier unterbreitet wurde, gestützt auf eine Analyse der Kopplungen zwischen den aktiven Elementen, die das System bilden, hat uns gezeigt, daß es keiner metaphysisch-finalistischer Konzeption bedarf, um die Entwicklung eines Systems zu erklären. Die Stabilität eines Systems und die Ergodizität seines Entwicklungsprozesses resultieren aus der Verhaltensweise der Elemente eines Systems und ihrer Kopplungen, das heißt aus der Struktur des Systems. Wie direkt aus der Ergodizitätsbedingung (9.8) entnommen werden kann (und die Stabilität ist ein besonderer Fall der Ergodizität), sind ergodische Entwicklungsprozesse das Ergebnis des Bewegungsgesetzes, das seinerseits das Entwicklungsgesetz des Systems und alle Eigenschaften seiner Entwicklung bestimmt. Wie wir wissen, leitet sich das Bewegungsgesetz eines Systems aus der Verhaltensweise der Systemelemente und aus der Struktur des Systems her (das heißt aus dem Kopplungsnetz) — man vergleiche dazu (7.6) und (7.9) sowie (7.17) und (7.18). Ein ergodischer Prozeß tritt dann ein, wenn die Struktur des Systems bestimmte Rückkopplungen enthält, die als Steuerungen fungieren.

Aus dem Bewegungsgesetz eines Systems lassen sich auch solche Eigenschaften einer ergodischen Entwicklung herleiten wie das Vorhandensein eines begrenzten Ergodizitätsbereiches[2]),

[1]) Hans Driesch, Die Philosophie des Organischen, Leipzig 1909, I, 59—64.

[2]) Wird ein allzu radikaler Eingriff vorgenommen, so wird eben der Embryo getötet, und dann kann sich auch kein Seeigel mehr ausbilden. Die Störung hat in diesem Falle den Ergodizitätsbereich der Entwick-

die Existenz einer begrenzten Ergodizitätsdauer des Entwicklungsprozesses, veränderliche Geschwindigkeiten, mit denen das System nach Störungen zur Norm zurückkehrt, veränderliche Resistenz eines Systems gegenüber unterschiedlich großen Störungen und schließlich das damit zusammenhängende Altern und Reifen eines Systems, seine „Geburt" und sein „Tod".

Diese für biologische Prozesse charakteristischen Eigenschaften treten auch in den verschiedensten Arten von chemischen, physikalischen, soziologischen und ökonomischen Prozessen auf.[1]) Außerdem treffen wir sie auch in Automatisierungsvorrichtungen an, die vom Menschen konstruiert sind. Der von der Kybernetik geschaffene Begriffsapparat gestattet es, diese Eigenschaften zu erklären, ohne zu den Begriffen eines nichtmateriellen Wesens Zuflucht nehmen zu müssen. Wir benötigen keine „Lebenskraft", keine „Entelechie", keinen „élan vital", keinen „Geist der Zeit" oder „Geist einer Nation" oder gar die „unsichtbare Hand" des Adam Smith usw., die den Verlauf der natürlichen und der sozialen Entwicklung regulieren. Die hier unterbreitete Erklärung leugnet andererseits nicht die empirische Tatsache, daß Systeme eine Verhaltensweise besitzen, die nicht allein aus der Verhaltensweise der sie aufbauenden Elemente hergeleitet werden kann. Es wird nicht geleugnet, daß Systeme ihr eigenes Entwicklungsgesetz besitzen, daß unter gewissen Bedingungen die Entwicklung eines Systems ein ergodischer Prozeß ist, in dem Entwicklungsstörungen mit der Zeit überwunden werden, und es wird schließlich auch nicht geleugnet, daß die Ergodizität eines Prozesses zeitlich begrenzt sein kann und daß sowohl die Geschwindigkeit, mit der Störungen überwunden werden als auch die Größe solcher Störungen, die vom System überwunden werden können, variieren.

lung dieses Systems überschritten. Die Tatsache, daß mitunter Mißgeburten zur Welt kommen, ist ebenfalls ein Beweis dafür, daß die Ergodizität in der embryonalen Entwicklung einen fest abgesteckten Bereich hat.

[1]) Zum „Bewegungsgesetz", zum Richtungscharakter der Entwicklung und zum „Altern" sozial-ökonomischer Formationen siehe O. Lange, Political Economy, Bd. I, Pergamon Press (Oxford)-PWN Warszawa 1963.

X. Die dialektische Natur der Entwicklung

Das Gleichgewicht eines Systems kommt darin zum Ausdruck, daß die Eingangs- und die Ausgangszustände seiner Elemente der Gleichgewichtsgleichung (8.1) genügen. Diese Gleichung hat die Form einer Vektorgleichung, die einen bestimmten Zustand (oder Zustände, wenn es mehr als einen gibt) der Eingänge und der Ausgänge der Elemente dieses Systems festlegt. Die Elemente sind jedoch untereinander gekoppelt, wobei die Ausgangszustände einiger Elemente die Eingangszustände einiger anderer Elemente sind. Für jedes einzelne Element bestimmen die Eingangszustände die Ausgangszustände: das ist die Verhaltensweise des Elementes. Infolge der Kopplungen der Elemente und infolge der Verhaltensweise der einzelnen Elemente kann es dazu kommen, daß unmöglich alle Elemente gleichzeitig solche Eingangs- und Ausgangszustände annehmen können, die die Gleichgewichtsgleichung des betreffenden Systems erfüllen. Selbst wenn ein gewisser Teil der Ein- und Ausgänge Zustände annimmt, die der Gleichgewichtsgleichung genügen, so können dennoch wegen der Kopplungen und der Verhaltensweisen der Elemente die restlichen Ein- und Ausgänge Zustände haben, die die Gleichgewichtsgleichung nicht erfüllen. In so einem Falle sagen wir, daß es vom Standpunkt der Gleichgewichtsbedingungen eine gewisse Unverträglichkeit gibt, das heißt einen Widerspruch zwischen den Eingangs- und Ausgangszuständen der einzelnen Elemente. Handelt es sich um ein stabiles System, so vermindern sich diese Widersprüche allmählich, bis sie schließlich völlig verschwinden. In einem nichtstabilen System hingegen nehmen diese Widersprüche ständig zu und verleihen dem Prozeß einen kumulativen Charakter, sobald das System einmal aus dem Gleichgewicht gebracht ist.[1])

Ein System, in dem der oben erwähnte Widerspruch zwischen den Aus- und Eingängen der Systemelemente eintritt und nicht verschwindet, kann niemals einen Gleichgewichtszustand erreichen. Die Eingangs- und Ausgangszustände der Elemente eines Systems ändern sich pausenlos, d. h., das System ist in ständiger Bewegung. Diese Bewegung erscheint als die Entwicklung des Systems; sie ist das Ergebnis der Widersprüche zwischen den Eingangs- und den Ausgangszuständen der einzelnen Elemente. Bestimmte Zustände in den Ein- und Ausgängen einiger Elemente verursachen Veränderungen an den Eingangs- und Ausgangszuständen der restlichen Elemente, diese Veränderungen führen wiederum zu Veränderungen in den Eingangs- und Ausgangszuständen der ersteren Elemente, deren Veränderungen wiederum neue Veränderungen in den Eingangs- und Ausgangszuständen der restlichen Elemente verursachen usw. usf. Die Bewegung eines Systems, bzw. seine Entwicklung ist deshalb ein *sich selbst erzeugender dialektischer Prozeß*, das heißt ein solcher Prozeß, in dem die *auftretenden Widersprüche eine ständige Bewegung und Entwicklung erzeugen.*

Der dialektische Charakter in der Bewegung eines Systems wird durch das Bewegungsgesetz ausgedrückt, aus dem das Entwicklungsgesetz des Systems folgt. Wie wir wissen, wird das Bewegungsgesetz eines Systems mathematisch als eine vektorielle Differenzen- bzw. Integralgleichung ausgedrückt. Diese Gleichung — siehe (7.5) bzw. (7.8) und auch (7.17) bzw.

[1]) Dieser Widerspruch zwischen den Eingangs- und den Ausgangszuständen der einzelnen Systemelemente wurde von W. Ross Ashby „Vetorecht" oder „Vetokraft" genannt. Er untersucht ein System aus zwei gekoppelten Teilen, das so beschaffen ist, daß beim Gleichgewichtszustand eines Teiles die Eingangs- und Ausgangszustände des anderen Teiles niemals im Gleichgewicht sein können. Infolgedessen kann das System als Ganzes niemals im Gleichgewicht sein, da, wie Ashby sich ausdrückt, ein Teil des Systems ein Veto gegen den Gleichgewichtszustand des anderen Teiles einlegt. Infolge dieses Vetos befindet sich das System in ständiger Bewegung. Vgl. W. Ross Ashby, op. cit. S. 100 bis 101.

(7.18) — bestimmt die Beziehung zwischen den Eingangs- und Ausgangszuständen zu einem gegebenen Zeitpunkt und den Zuständen dieser gleichen Eingänge und Ausgänge zu einem späteren oder mehreren späteren Zeitpunkten. Diese Beziehungen resultieren aus den Widersprüchen, die die Ein- und Ausgänge aller Elemente daran hindern, auf einmal Zustände anzunehmen, die der Gleichgewichtsgleichung genügen. Die Eingangs- und Ausgangszustände zu einem bestimmten Zeitpunkt führen zu gewissen Eingangs- und Ausgangszuständen zu einem oder mehreren späteren Zeitpunkten; diese wiederum führen zu bestimmten Eingangs- und Ausgangszuständen zu noch späteren Zeitpunkten usw. usf. Als Ergebnis erhalten wir den zeitlichen Entwicklungsprozeß eines Systems. Das Entwicklungsgesetz wird mathematisch als Lösung einer vektoriellen Differenzen- oder Integralgleichung ausgedrückt, die ihrerseits das Zeitgesetz der Systembewegung ausdrücken. Ihre Lösung ist eine Vektorfunktion $\boldsymbol{X}_t$ bzw. $\boldsymbol{Y}_t$, die das zeitliche Verhalten der Eingangs- bzw. Ausgangszustände aller Elemente des Systems charakterisiert.

Wie wir gesehen haben, können wir mit Hilfe des Begriffsapparates der Kybernetik — also einer Menge von Begriffen und angemessenen Operationsvorschriften, die dieser Wissenschaft eigen sind — zwei grundlegende Probleme exakt formulieren und lösen. Das eine ist das Problem der Ganzheiten — nämlich ihrer spezifischen Eigenschaften und Verhaltensweisen, die sich nicht einfach aus den Eigenschaften und Verhaltensweisen der einzelnen Elemente ableiten lassen. Das andere ist das Problem der dialektischen Natur der Entwicklung. Wenn wir das Problem der Ganzheiten mit dem Begriffsapparat der Kybernetik untersuchen, so gelangen wir zu exakten Begriffen von System und Struktur. Untersuchen wir weiterhin das Problem der Entwicklung, so gelangen wir zu einem exakten Begriff vom Widerspruch, der einem System eigen ist, und außerdem finden wir eine Erklärung dafür, warum dieser dialektische Widerspruch die Quelle der Bewegung und der sich selbst erzeugenden Entwicklung des Systems ist. Wir erhalten auch eine mathematische Formulierung des Bewegungsgesetzes und des Entwicklungsgesetzes eines Systems. Schließlich erhalten wir eine mathematische Theorie der Selbst-Regelung und der Selbst-Steuerung von Systemen, eine Theorie, die diese Erscheinungen erklärt, ohne zu metaphysischen Konstruktionen Zuflucht zu nehmen. Auf diese Weise ist die Kybernetik zu einem wichtigen Hilfsmittel geworden, verschiedene Probleme des dialektischen Materialismus exakt zu formulieren und zu lösen.

FSC
www.fsc.org
MIX
Papier | Fördert
gute Waldnutzung
FSC® C083411

Kolibri 360 GmbH
Ferdinand-Jühlke-Straße 7
99095 Erfurt, Deutschland
produktsicherheit@kolibri360.de